家装配色全能图典

◎ 锐扬图书 编

+ 餐　厅
+ 卧　室
+ 书　房

（下）

海峡出版发行集团
THE STRAITS PUBLISHING & DISTRIBUTING GROUP

福建科学技术出版社
FUJIAN SCIENCE & TECHNOLOGY PUBLISHING HOUSE

图书在版编目 (CIP) 数据

家装配色全能图典 . 下 / 锐扬图书编 . —福州：福建科学技术出版社，2019.6

ISBN 978-7-5335-5847-5

Ⅰ.①家… Ⅱ.①锐… Ⅲ.①住宅－室内装饰设计－图集 Ⅳ.① TU241-64

中国版本图书馆 CIP 数据核字（2019）第 064604 号

书	名	家装配色全能图典（下）
编	者	锐扬图书
出版发行		福建科学技术出版社
社	址	福州市东水路76号（邮编350001）
网	址	www.fjstp.com
经	销	福建新华发行（集团）有限责任公司
印	刷	福建彩色印刷有限公司
开	本	700毫米 × 1000毫米　1/16
印	张	14
图	文	224码
版	次	2019年6月第1版
印	次	2019年6月第1次印刷
书	号	ISBN 978-7-5335-5847-5
定	价	68.00元

书中如有印装质量问题，可直接向本社调换

餐 厅 / 001

目录 Contents

卧 室 / 081

书 房 / 161

目录 Contents

🎓 关于色彩的知识－下

餐厅

餐厅的色彩搭配要点

　　餐厅的色彩宜以明朗轻快的色调为主，最适合用的是橙色及相同色相的姐妹色，它们不仅能给人以温馨感，而且能提高进餐者的兴致。整体色彩搭配时，应注意地面色调宜深，墙面可用中间色调，吊顶的色调则宜浅，以增加稳重感。如果餐厅家具颜色较深，可通过明快、清新的淡色或蓝白、绿白、红白相间的台布来衬托。

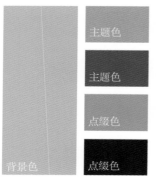

主题色

主题色

点缀色

背景色　　点缀色

• 配色解析

地板和家具的深棕色，强调出一种坚定、结实的感觉。

关于色彩的知识

如何借助材质的特点提升深色调的层次感

　　要想提升深色调的配色层次，除了可以借助色彩的深浅变化，还可以通过不同的材料搭配来实现。如石材与木饰面板、布艺、壁纸等装饰材料，由于它们的性质不同，所呈现的色彩也不尽相同，可以将不同材质拼贴在一起，利用它们表面的微妙变化来达到丰富色彩层次的效果。

北欧风格餐厅配色

·配色解析

木色温润与自然的感觉，体现出北欧风格纯粹、自然的特点。

主题色

辅助色

点缀色

点缀色　　背景色

① 原木色在北欧风格餐厅中的运用

原木色为主题色打造干净、和谐的色彩氛围

　　以原木材料作为餐厅主题墙的主要装饰材料，打造出了一个温暖、时尚的用餐空间。在色彩设计上可以选用与原木色为同色系的米色、米白色、浅米色进行搭配，这种深浅得当的配色手法，能够打造出一个干净、简单、和谐的空间氛围。

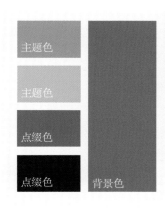

主题色

主题色

点缀色

点缀色　　背景色

木色餐桌椅打造温馨感

　　木色的餐桌椅是餐厅中的绝对主角,以原木色作为主题色,可以为北欧风格餐厅融入一份自然气息与必不可少的暖意。同时还可以利用木质材料本身的纹理变化,展现出丰富的视觉层次感。

主题色

辅助色

背景色 点缀色

背景色

主题色　辅助色

点缀色　点缀色

• 配色解析

浅木色的餐桌、餐椅是整个餐厅的主角,配色效果简洁、舒适,传达出自然、温馨的色彩印象。

2. 冷色系在北欧风格餐厅中的运用

淡冷色为背景色的餐厅

低饱和度的淡冷色可以为餐厅营造出一个清新、自然的空间氛围,如淡蓝色、淡青色等。在实际运用时若选用淡冷色作为餐厅的背景色,那么餐桌、餐椅、边柜、灯饰、饰品等元素的色彩应尽量选用暖色或稍显明快的色彩与之搭配。

主题色

主题色

辅助色

背景色　点缀色

冷色系的点缀让人产生喜悦感

在进行北欧风格餐厅配色时,可以选用高明度、高饱和度的冷色系作为辅助或点缀使用,因为明亮、清爽的颜色会让人产生喜悦感,从健康的层面来讲,会让人更觉得舒适、自然,身心健康。

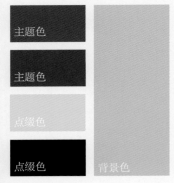

主题色

主题色

点缀色

背景色　点缀色

主题色

辅助色

点缀色

背景色　点缀色

• 配色解析

苹果绿色的点缀，给空间带来清新、爽快的感觉。

主题色

主题色

点缀色

点缀色

背景色

③ 无彩色系在北欧风格餐厅中的运用

以黑白为主色让北欧风格餐厅更明快

黑白两色是很经典的调节色，它们能使原本对立的色相形成视觉上的缓冲感；同时还有简洁、明快的对比感，使配色效果更加鲜明、生动。在餐厅配色中，若选用黑白两色作为主题色，可以运用鲜艳的明快色调作为点缀，以增添空间的活跃感与温馨感。

主题色	背景色
辅助色	
点缀色	

主题色	背景色
辅助色	
点缀色	
点缀色	

主题色

辅助色

点缀色

点缀色

背景色

主题色

辅助色

点缀色

点缀色

背景色

关于色彩的知识

如何选择吊顶与地面颜色

　　要想营造出清爽、明亮、自然的空间氛围，吊顶与地面的颜色最好都选用浅色。因为一旦有深色调出现，并占有一定的面积，便会显得过于沉闷，很容易打破淡色调简单、清爽、自然的特点。同时为避免大面积淡色调带来的单调感，可以通过调整微色差来提升空间的色彩层次。

高级灰彰显低调的时尚感

　　高级灰的时尚与睿智能够给空间带来很强的时尚感，在北欧风格餐厅中，灰色常与白色、黑色等明快的色彩搭配，或与茶色、木色、棕色等具有温暖感的色彩相搭配，可以使整个用餐空间的氛围更显低调与时尚。

主题色

主题色

点缀色

点缀色　　　　　　背景色

主题色　　辅助色

背景色

点缀色　　点缀色

• 配色解析

黑色与灰色、白色的搭配，是明度差异很大的色彩组合，对比效果明快，具有强烈的力度之感。

4. 棕色系在北欧风格餐厅中的运用

浅棕色营造沉稳、舒适的用餐空间

　　浅棕色能够表达出朴素、自然、柔和、沉稳的色彩印象。在北欧风格餐厅中,若选用浅棕色作为配色中心,宜选用白色、奶白色、米白色、米色等浅色调与之搭配,以减少棕色调的沉闷感,让用餐氛围更加和谐、舒适;若适当地融入一些黑色或其他深色,则可使空间的色彩层次更加丰富。

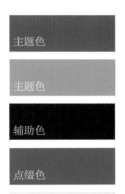

主题色

主题色

辅助色

点缀色

背景色

主题色

主题色

点缀色

点缀色

背景色

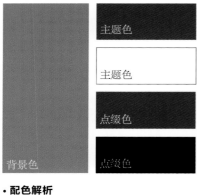

• 配色解析

浅棕色与深棕色的搭配，明度差异较小，
表现出高雅、优质的感觉。

• 配色解析

餐厅配色的色彩饱和度差异较小，让整个用餐氛
围更加稳定。

5. 明亮色调在北欧风格餐厅中的运用

亮暖色为北欧风格餐厅注入暖意

　　北欧风格餐厅中要表现出浪漫甜美的色彩印象，可以选用明亮的暖色来营造出一种甜美、温馨的感觉，其中以粉色、红色、黄色、紫色为最佳。明亮柔和的暖色无论是用作背景色、主题色或是点缀色，都能为空间注入无限的暖意。

	主题色	主题色
背景色	辅助色	点缀色

· 配色解析

高饱和度的黄色，让餐厅的配色效果充满活力和激情。

现代简约风格餐厅配色

主题色

主题色

辅助色

点缀色　背景色

1. 无彩色系在现代风格餐厅中的运用

白色系为主题色的现代风格餐厅

　　任何一种颜色都离不开白色的渲染，以白色为餐厅的主题色，若与黑色、灰色、深棕色等色彩进行搭配，可营造出一个简洁、明快的用餐空间；若与浅棕色、茶色、米色、木色等浅色系相搭配，则营造出清新、舒适的空间氛围。

主题色

主题色

点缀色

背景色　点缀色

• 配色解析

白色的餐桌椅是主题色，与背景色形成鲜明对比，极具层次。

主题色

辅助色

点缀色

点缀色　　　　　　　　　　背景色

关于色彩的知识

如何正确使用对比色

　　色彩的对比，主要指色彩的冷暖对比，可分为冷色调和暖色调两大类。红、橙、黄为暖色调；青、蓝、紫为冷色调，绿为中间色调；不冷也不暖。色彩对比的规律是：在暖色调的环境中，冷色调的主体醒目，在冷色调的环境中，暖色调的主体最突出。色彩对比除了冷暖对比之外，还有色相对比、明度对比、饱和度对比等。

灰色与黑色的过渡搭配

　　灰色与黑色的搭配能打造出整洁、时尚的色彩印象，同时也能体现出色彩过渡的层次感。在现代风格餐厅中，以灰色与黑色作为配色中心，与低纯度的冷色搭配，则可以为空间增添朴素感；若添加茶色系，则能够增添厚重感，可以更加有力地打造时尚、高质量的生活品质。

主题色　辅助色　点缀色　点缀色　背景色

主题色　主题色　点缀色　背景色　点缀色

主题色　主题色　点缀色　点缀色　背景色

2. 多种色彩在现代风格餐厅中的运用

暖色的点缀让用餐氛围热情有活力

　　鲜艳的黄色、橙色、粉红色、紫红色等暖色，具有热情洋溢的感觉，是表现活力与朝气必不可少的色彩。与蓝色、绿色、白色、黑色进行搭配，可以形成鲜明的对比或互补，从而营造出一个热情、富有活力的空间色彩印象。

主题色

主题色

点缀色

点缀色

背景色

主题色
主题色
辅助色
点缀色

背景色

• 配色解析

作为辅助色的餐椅，与主题色对比强烈，使整个空间的氛围更加活跃。

主题色
主题色
点缀色
点缀色

背景色

多种色彩的对比搭配

　　对比色的运用能彰显使用者的品位与个性。对比配色法一般可分为色相对比与明度对比两种，如果想要打造视觉冲击力较强的空间氛围，可以选用色彩对比；若想表达一种相对柔和的空间意境，则适合运用明度对比。

主题色
点缀色
点缀色
背景色

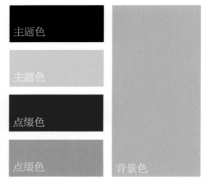

主题色
主题色
点缀色
点缀色
背景色

• 配色解析

黑色与白色、红色与绿色的对比，使整个空间的氛围更有力度、更有安定感。

高明度的冷色打造简洁美

　　高明度的冷色可以给空间带来素雅、清爽的感觉。在现代风格餐厅中，可以选用黑、白、灰中任意一种或两种色彩与冷色搭配。例如以白色作为背景色，以蓝色和灰色作为点缀或辅助配色，可以营造出简洁、舒适的空间氛围；若以灰色作为辅助色，白色作为背景色，而蓝色作为主题色，便能营造出稳重、素雅的空间氛围。

主题色

主题色

点缀色

点缀色　　背景色

主题色

主题色

点缀色

点缀色　　背景色

3. 米色系在现代风格餐厅中的运用

米色调的重复运用体现空间的整体感

　　在运用米色作为餐厅背景色时,可选用同色系中的两种或三种颜色重复运用,产生和谐律动感的同时,也使整个空间更加融合、更有整体感。

主题色

点缀色

点缀色　背景色

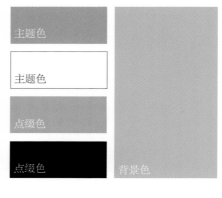

主题色

主题色

点缀色

点缀色　背景色

• 配色解析

餐厅的用色很少,体现出简洁的味道,同色调的搭配有高档、精致的感觉。

主题色

辅助色

点缀色

背景色　　点缀色

• 配色解析

米色与米白色的色彩差异很小，体现出
柔和、舒适的色彩印象。

背景色　　主题色　　主题色

点缀色　　点缀色

• 配色解析

地面、墙面的浅米色与部分深色搭配，形成
深浅对比，使用餐氛围更加稳重。

4 棕色系在现代风格餐厅中的运用

棕色系打造现代风格餐厅的厚重感与亲切感

现代风格中的棕色系主要包括深棕色、浅棕色、茶色、咖啡色、褐色等，这些色彩可以作为餐厅中的主题色或背景色大量使用，营造出具有厚重感和亲切感的现代家居氛围。

主题色

辅助色

点缀色

点缀色　　　　　背景色

主题色

背景色　　　　　辅助色

• 配色解析

深色墙面在浅色地面之间产生对比感，视觉上更有层次。

主题色	主题色

点缀色	点缀色

背景色

· 配色解析

棕色与米色的搭配，使整个空间的配色显得素雅起来。

关 于 色 彩 的 知 识

如何掌握对比色搭配的主次

运用对比色配色时，对色彩使用面积的控制尤为重要。要使两种颜色形成完美的对比平衡效果，可以放大其中一种颜色的使用面积，缩小另一种颜色的使用面积。如果两种颜色运用量相同，那么对比效果会过于强烈。比如在同一空间里，红色与绿色占有同样的面积，则会令人感到不适。可以选择其中的一个颜色作为主色调，大面积地使用，而另一颜色为小面积的对比色。两种颜色在面积上的比例不能小于 5：1，必须让配色形成明确的色相基调，只有形成了明确的色相基调的配色，才能完美地表达出色彩的美感。

	主题色	辅助色
背景色	点缀色	点缀色

· 配色解析

浅棕色为主色的空间，可以通过纹理图案
的变化来体现层次。

主题色
辅助色
点缀色
点缀色
背景色

中式风格餐厅配色

主题色

主题色

点缀色

点缀色

背景色

1 红色在中式风格餐厅中的运用

以红色为主题色的餐厅

在中式风格餐厅中, 红色调的实木餐桌、餐椅及餐边柜是餐厅中的主角, 也是整个餐厅中色彩搭配的中心, 很能体现古典中式家居雅致、古朴的格调。如果家具大量运用棕红色系, 那么墙面、顶面或地面可以选用浅色调来进行调节, 以避免用餐氛围过于沉闷。

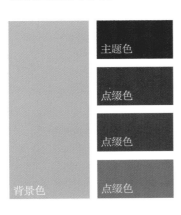

主题色

点缀色

点缀色

背景色

点缀色

主题色

辅助色

点缀色

点缀色 背景色

主题色

辅助色

点缀色

点缀色 背景色

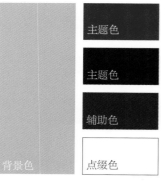

主题色

主题色

辅助色

背景色 点缀色

• 配色解析

红色作为餐厅的主题色,与深棕色搭配,表现出低调、内敛的中式配色特点。

红色装饰元素

　　在中式风格餐厅中，并不是只能将红色作为主题色使用，也可以将红色作为辅助色或点缀色运用其中，起到营造喜庆氛围的作用。比如一盏红色吊灯、几把红色座椅、一面红色桌旗等小型装饰元素，都能为空间增添一份富贵气息。

主题色

辅助色

点缀色

背景色　点缀色

主题色

辅助色

点缀色

点缀色　背景色

2. 棕色系在中式风格餐厅中的运用

深棕色家具彰显古典中式的沉稳气质

深棕色的木质家具总能给人带来一份古朴、雅致的感觉,在古典中式风格餐厅中常运用造型古朴、色调沉稳的实木家具作为餐厅的主角,以体现主人的品位与格调。在实际搭配时,应尽量与浅色的背景色相搭配,彼此相互融合以缓解沉闷感。

主题色

点缀色

点缀色

点缀色

背景色

棕色系之间的对比搭配

　　面积较大的餐厅中，若运用棕色调作为空间的配色中心，可以在棕色系中选用两种或三种颜色进行搭配，让棕色形成深浅、明暗的对比，这样既能体现配色的层次感，又能彰显空间设计的整体感。

• 配色解析

棕色的深浅组合搭配，体现出中式风格传统、厚重的色彩印象。

主题色

辅助色

点缀色

点缀色　　背景色

关于色彩的知识

如何掌握对比色的协调度

　　空间如果有两种以上的颜色，就要考虑颜色彼此之间的协调性，包括明度、亮度、色温、饱和度与面积比例，确保最终呈现的效果能够迎合风格演绎。一般来说，三种以上的色彩，可以全部为同一色相、同一饱和度，营造简约感；也可以两种颜色为同色相，搭配一种对比色，展现视觉活力；或者大面积铺设的背景色与主题色为同色相，以多种对比色进行局部点缀，让空间表现是自由、丰富又快乐的，而非混乱、没有秩序的。

3. 无彩色系在中式风格餐厅中的运用

现代中式风格中的黑、白、灰三色的运用

在现代中式风格中对无彩色的运用主要有黑色、白色、灰色三种，我们可以选用他们中的任意两种色彩作为现代中式餐厅中的主要配色，便能营造出效果朴素、具有悠久历史感的家居氛围。

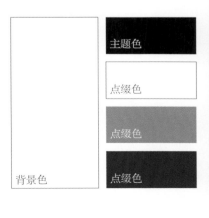

主题色

点缀色

点缀色

背景色　　　　点缀色

	主题色	主题色
背景色	点缀色	点缀色

• 配色解析

黑色、白色、灰色的组合，体现出现代中式
风格简洁、整齐的特点。

4. 米色系在中式风格餐厅中的运用

米色与黑色的搭配，让小餐厅有坚实感

在面积不大的餐厅中，墙面与地面的颜色宜选用米白色、浅米色，再选择黑色作为主题色或选择黑白色组合的家具进行搭配。在实际操作时，若餐厅空间的采光良好，可以适当加大黑色的使用，以增强配色的坚实感。

主题色

主题色

辅助色

点缀色　背景色

背景色

主题色

点缀色

点缀色

点缀色

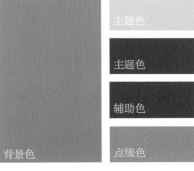

背景色

主题色

主题色

辅助色

点缀色

米色与棕色的搭配让中式餐厅更显温馨

红棕色、黄棕色、深棕色都属于暗暖色，它们与米色相搭配，能够让餐厅的氛围更加温馨、更加舒适。在实际运用时，可以米色作为墙面或地面的色彩，而棕色作为主题色用于餐桌、餐椅中，以达到主次分明、深浅得当的配色效果。

主题色　　辅助色

背景色　　点缀色　　点缀色

• 配色解析

深棕色为主色，米色为背景色，虽然都是暖色系，由于主题色的色调深暗，显得厚重而传统。

主题色

辅助色

点缀色

点缀色　　背景色

• 配色解析

浅米色、白色的色彩差异较小，深棕色的运用使色彩印象更加和谐。

5. 华丽色彩在中式风格餐厅中的运用

传统饰品的点缀

　　以中式风格特有的传统工笔画、瓷器、宫灯、刺绣布艺等装饰品作为餐厅的色彩点缀，可以有效地缓解中式风格餐厅中寡淡的色调，这些装饰品的色彩可淡雅、可鲜艳、可浓郁、可淳朴，但都能很有效地提升整个餐厅的色彩层次，让整个空间的氛围生动而活泼。

主题色

主题色

辅助色

点缀色　　背景色

手绘图案的点缀

　　传统中式风格的花鸟图、水墨画、仕女图等作为墙面装饰，既能为空间增添色彩层次，又能展现出中式传统文化的底蕴。它们的色彩或浓郁、或淡雅，层次分明，栩栩如生，打造出中式餐厅多姿多彩的时尚感。

主题色

辅助色

点缀色

点缀色　　　　　背景色

· 配色解析

以冷色为主的手绘图案，显得清秀、淡雅，也凸显出中式风格的时尚感。

欧式风格餐厅配色

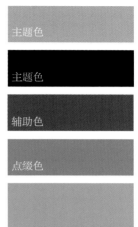

主题色

主题色

辅助色

点缀色

背景色

1 米色系在欧式风格餐厅中的运用

以米色为主色调

在新欧式风格餐厅中所运用的米色系主要有浅米色、米白色，它们可以作为主题色或背景色被大量使用。同时为避免产生单调感，可以在配色中融入一些黑色、深棕色、浅棕色或咖啡色，以丰富空间的视觉效果。

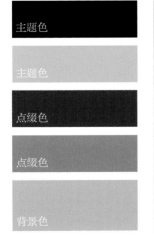

主题色

主题色

点缀色

点缀色

背景色

	主题色	主题色
	点缀色	点缀色
背景色		

· 配色解析

米白色为背景色,搭配黑色,通过丰富的色调变化,传达出明快、整洁的色彩印象。

关于色彩的知识

调和法在对比配色中的作用

调和法是调和色彩的明度与饱和度,通过对它们的调和来达到更加理想的配色效果。

1.明度调和:在使用对比配色时,可以选择明暗度相似的对比颜色构成配色。比如:明亮的红色与明亮的绿色相配,深暗的红色与深暗的绿色相配,这样的配色效果丰富而柔和,在视觉上更加平衡。

2.饱和度调和:使用饱和度相似的对比颜色构成配色,比如:低饱和度的红色与低饱和度的绿色相配,这样的颜色效果富有变化,又充满韵味。

2. 白色系在欧式风格餐厅中的运用

白色主题色打造新欧式风格餐厅的清新感

纯白色、象牙白、奶白色等高明度的色彩,能够体现出一个清新的视觉效果。在新欧式风格中,多以此类色彩作为主题色,以彰显简洁、明快的风格特点。在进行餐厅配色时,可以适当地融入一些暖色作为辅助色,为用餐空间增添一份暖意。

	主题色	辅助色
背景色	辅助色	点缀色

• 配色解析

纯白色、奶白色的色彩差异很小,体现出现代欧式风格简约、清雅的色彩效果。

白色为辅助色，增添时尚感

新欧式风格中，可以用白色作为辅助色。可将白色用在灰色与黑色之间，让色彩过渡更有层次、更加分明。例如，黑色餐桌搭配白色餐椅，或灰色墙面搭配白色边框，使色彩氛围变得明快、活跃，彰显出新欧式风格家居的时尚感。

主题色	背景色
主题色	
辅助色	
点缀色	

• 配色解析

餐厅中以白色为辅助色，为深色调空间增添了一份洁净感。

3. 棕色系在欧式风格餐厅中的运用

深棕色系为主题色，打造传统欧式风格的厚重感

以深棕色、深褐色、茶色等浊暗的暖色作为餐厅的主题色，能够塑造出一个具有欧式传统韵味又不乏厚重感的用餐空间，也是较为传统的配色手法。在实际操作时，可与适量的浅色搭配，以减少空间色调的沉闷感。

主题色

辅助色

点缀色

点缀色　　　背景色

主题色

辅助色

点缀色

背景色　点缀色

• 配色解析

深棕色餐桌椅，表现出传统、厚重的古典主义色彩印象。

主题色

辅助色

点缀色

点缀色　　背景色

· 配色解析

驼色餐椅搭配棕色木质家具,有温暖和怀旧的感觉,使古典气质油然而生。

主题色　　辅助色

背景色　　点缀色　　点缀色

· 配色解析

椅子和墙面的浅咖啡色,是浅暖色系中颇显厚重的色彩,具有十分坚实的感觉。

4. 金属色在欧式风格餐厅中的运用

以金属色为主题色的餐厅

在古典欧式风格餐厅中，以金色、银色、铜色等代表着贵气的金属色作为餐厅的主题色，能够凸显古典欧式奢华、贵气的风格特点。在运用时，可以金属色作为餐桌、餐椅的主色，让整个餐厅的氛围更加富丽堂皇。

主题色	
主题色	
辅助色	
点缀色	背景色

• 配色解析

银色边框与黑色镜面搭配，色彩对比明显，体现出欧式风格奢华、贵气的色彩印象。

金属色打造梦幻、奢华的用餐空间

若餐厅的面积较大、采光良好，可以考虑将金属色大面积地运用于吊顶的造型中。在配色时可以选用白色作为顶面的主色，而金属色作为辅助色，这种搭配手法既能丰富空间的视觉层次，又可以避免大面积金属色所带来的压抑感。

主题色	背景色
辅助色	
点缀色	
点缀色	背景色

• 配色解析

大面积的银色，营造出一个奢华、贵气的用餐空间。

5. 华丽色彩在欧式风格餐厅中的运用

华丽的软装元素体现餐厅色彩层次

　　在古典欧式风格餐厅中，常会用到一些华丽的色彩，它们多会体现在餐椅、壁画、窗帘、花艺等软装元素中。浓郁、华丽的色彩能给人带来很强的视觉冲击力，为餐厅的色彩搭配增添层次感。

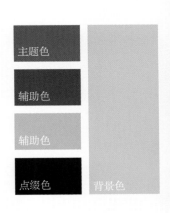

主题色

辅助色

辅助色

点缀色　背景色

主题色

主题色

点缀色

点缀色

背景色

• **配色解析**

宝蓝色餐椅与白色背景色搭配，对比明快，体现出奢华的色彩印象。

主题色

辅助色

点缀色

背景色　点缀色

• **配色解析**

蓝色与白色的对比，让餐厅的色彩氛围十分活跃。

关于色彩的知识

削弱法在对比配色中的作用

削弱法是通过加大对立色相的明度或饱和度的距离，起到减弱色彩矛盾的作用，来达到增强画面的成熟感和协调感。例如灰蓝与橙色、粉红色与墨绿色，这两种配色稳重而不失活泼，朴素而不失秀美。

地中海风格餐厅配色

主题色

辅助色

点缀色

点缀色

背景色

① 白色系在地中海风格餐厅中的运用

白色与木色的搭配

白色与木色在地中海风格餐厅中的运用十分广泛，其中白色多作为背景色或主题色被大面积运用，而木色则多用于地面、顶面的局部装饰、拱门造型的边框或餐桌与餐椅的面板等处。

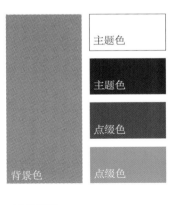

主题色

主题色

点缀色

背景色

点缀色

• 配色解析

白色与深木色的搭配，呈现出厚重、高档的感觉。

背景色	主题色	辅助色
	点缀色	点缀色

• 配色解析

双色木质家具，传达出地中海风格的历史感与厚重感。

主题色

点缀色

点缀色

点缀色

背景色

2 蓝色在地中海风格餐厅中的运用

蓝色海洋主题餐厅

　　蓝色调的海洋元素是地中海风格中必不可少的装饰元素，它们能为空间注入一份清新感，营造出大海般浩瀚、自由的空间氛围。

主题色

主题色

辅助色

背景色

蓝色与木色的搭配体现地中海风格的清新感与亲切感

　　蓝色系搭配木色，是将两种能体现地中海风格特点的色彩相融合，并兼备亲切感与清新感。为了增加色彩层次与用餐空间的明快感，还可以运用适量的白色、米色进行调和。

主题色

辅助色

辅助色

点缀色　　　背景色

• 配色解析

蓝色、白色、木色的组合搭配，清新明快，又不乏自然气息。

3. 棕色系在地中海风格餐厅中的运用

棕色系为地中海风格餐厅增添厚重感与亲戚感

　　深棕色、浅棕色、黄棕色、红棕色、茶色等色彩很能体现地中海风格的厚重感与亲切感。在进行餐厅配色时,可将棕色系用在餐桌、餐椅或地面上,这样可使空间的重心更加稳固,再搭配米白色、米色、白色等浅色进行调和。

主题色　辅助色　点缀色　点缀色　背景色

主题色　主题色　辅助色　点缀色　背景色

主题色	辅助色
背景色	点缀色	点缀色

• 配色解析

土黄色与红棕色的搭配,展现出地中海风格浑厚、淳朴的色彩印象。

主题色	
辅助色	
背景色	点缀色

• 配色解析

白色与蓝色的对比弱化了深色调的沉闷感,体现了厚重、亲切的色彩印象。

4. 绿色在地中海风格餐厅中的运用

绿色为地中海风格注入自然气息

　　绿色并非是田园风格的专属色，在地中海风格中也常用绿色来增添空间的自然气息。以绿色作为主题色或背景色的地中海风格餐厅，多会选用大地色系、白色系与其搭配，同时还要根据餐厅面积的大小与采光情况来调整绿色的明度与饱和度，力求打造出一个质朴又不乏清新感的用餐空间。

主题色

辅助色

点缀色

点缀色　背景色

主题色	
辅助色	
点缀色	背景色
点缀色	

·配色解析

淡绿色为主色的空间，体现出清新、素雅的色彩印象。

关于色彩的知识

无彩色系在对比配色中的作用

　　将无彩色系用在鲜艳的对比搭配配色中，能够起到很好的点缀作用。因为黑、白、灰这三种颜色是很经典的调节色，它们能使原本对立的色相形成视觉上的缓冲感。同时还可以增强对比色的鲜艳度，使配色效果更加鲜明、生动。

5. 多种色彩在地中海风格餐厅中的运用

色彩斑斓的软装饰品

　　手工玻璃灯饰、装饰画、墙饰、花草等色彩丰富的软装元素，是地中海风格餐厅中十分常见的装饰品，它们为基调质朴、简洁的餐厅空间注入了一份浪漫气息，同时也大大提升了整个空间的色彩层次，展现出地中海风格丰富多彩的一面。

	主题色	主题色
背景色	点缀色	点缀色

· 配色解析

墙饰与灯饰的色彩丰富，体现出地中海风格休闲、活力的色彩效果。

	主题色	辅助色
背景色	点缀色	点缀色

• 配色解析

黄色、红色能传达出轻松与休闲感，点缀上蓝色更显得充满活力。

主题色

辅助色

点缀色

点缀色

背景色

美式风格餐厅配色

主题色

主题色

点缀色

点缀色

背景色

· 配色解析

浅粉色的餐椅，展现出柔和、浪漫的用餐氛围。

1 多彩色在美式风格餐厅中的运用

精致多彩的软装元素打造丰富、热闹的空间氛围

采用多种色彩作为美式风格餐厅配色，可将色彩体现在布艺、家居饰品等软装元素中，利用它们不同的造型、材质，再通过不同色彩的衬托，营造出丰富、热闹的空间氛围。需要注意的是使用面积不能太大，否则容易使人感到晕眩。

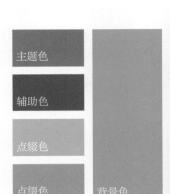

主题色

辅助色

点缀色

点缀色　背景色

主题色

主题色

背景色

点缀色

点缀色

•配色解析

色彩华丽、花纹精美的布艺餐椅, 特别能凸显出配色的张力。

主题色

辅助色

点缀色

点缀色

背景色

主题色

主题色

点缀色

点缀色

背景色

主题色

主题色

点缀色

点缀色

背景色

主题色

辅助色

点缀色

点缀色

背景色

· **配色解析**

布艺餐椅的花纹图案，使整个餐厅充满了休闲的喜悦感。

2. 棕色系在美式风格餐厅中的运用

棕色主题色彰显传统美式的厚重感

　　传统美式风格中，多以棕色系作为餐厅空间的主题色或背景色，主要体现在木质家具、软装布艺、仿古地砖等元素中，不仅能为空间增添厚重感，又能彰显传统美式的风格特点。在运用时，若空间小，可以使用白色进行调和，以缓解沉闷感；同时也可组合米色，使色调的过渡感会更加柔和。

主题色	
辅助色	
点缀色	
点缀色	背景色

· 配色解析

深棕色的主题色，使整体呈现出厚重、淳朴的色彩印象。

	主题色	主题色
背景色	点缀色	点缀色

• **配色解析**

温暖的暗暖色表现出古典美式的悠久与厚重感。

主题色	
辅助色	
点缀色	
点缀色	背景色

• **配色解析**

色彩差异较小的暗暖色组合搭配，表现出自然、宁静又充满厚重感的色彩印象。

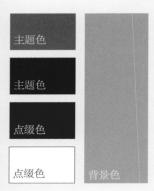

主题色

主题色

点缀色

点缀色

背景色

关于色彩的知识

如何运用色彩调节空间大小

　　利用色彩本身的明度、饱和度进行搭配调整，可以很好地在视觉上达到放大或缩小空间的作用。如果居室空间比较宽敞，家具及陈设可以采用膨胀色，使空间具有一定的充实感；如果空间较狭窄，家具及陈设可采用收缩色，使空间在视觉上具有宽敞的感觉。

3 米色系在美式风格餐厅中的运用

浅米色让美式风格餐厅更简约、舒适

要想营造出美式风格的简约与舒适,吊顶与地面的颜色最好都选用浅米色、米白色或白色等浅色。因为一旦有深色调出现,并占有一定的面积,便会显得过于沉闷,很容易打破浅色调简约、清爽、自然的特点。同时为避免大面积浅色调带来的单调感,可以通过调整微色差来提升空间的色彩层次。

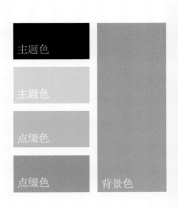

主题色

辅助色

点缀色

点缀色　背景色

• **配色解析**

墙面的浅米色舒适、干练，搭配家具上的深棕色，将淡雅、细腻的印象表现得淋漓尽致。

主题色　主题色

背景色　点缀色　点缀色

• **配色解析**

浅米色与深棕色的色相差异大，体现出舒适、明快的色彩印象。

米黄色营造温馨用餐氛围

　　将米黄色运用在局部装饰上，如餐椅、窗帘、壁纸等处，以此可以更加有效地烘托出温馨、舒适的用餐氛围。同时要注意局部色彩的明度和亮度需保持好，落差对比不要太过强烈，否则会导致颜色过多，从而失去同色调应有的和谐感。

主题色

主题色

辅助色

背景色　点缀色

主题色

主题色

辅助色

背景色

• 配色解析

米黄色作为餐厅的背景色，让用餐氛围显得十分温馨、舒适。

主题色

主题色

辅助色

点缀色　背景色

4. 白色系在美式风格餐厅中的运用

白色调的美式风格餐厅

在以白色为中心的配色空间中，如果想要大幅度提升空间色彩层次，可以通过提高主题色的色彩弹性来实现。通过面积大小的比例、高度的落差、不同材质的差异、色彩明度的深浅等变化，来达到营造层次的目的。

主题色

辅助色

点缀色

点缀色

背景色

主题色

辅助色

点缀色

背景色

点缀色

• 配色解析

白色为主色的空间，明亮轻快，体现出清新、柔和的色彩印象。

黑白对比色打造新美式餐厅的简约美

　　现代美式风格多采用黑色与白色或深色与白色的对比来体现简约的美感。过度的深色或黑色很容易给人带来压抑感,因此可以在搭配上进行适当留白处理,一来白色可以与任何颜色产生对比,从而增添空间活力;二来可以让视线更容易凝聚在深色调上。

主题色	背景色
主题色	
点缀色	

主题色	背景色
主题色	
点缀色	

• 配色解析

白色与黑色的搭配,传达出考究、明快的色彩印象。

5. 暗暖色在美式风格餐厅中的运用

通过材质的变化，体现暗暖色的层次感

　　褐色、红棕色、紫红色、咖啡色、深栗色等暗暖色能够为传统美式风格空间增添厚重感。在运用时，要想提升暗暖色的配色层次，除了可以借助色彩的深浅变化，还可以通过不同的材料搭配来实现。如石材与木饰面板、布艺、壁纸等装饰材料，由于它们的性质不同，所呈现的色彩也不尽相同，可以将不同材质拼贴在一起，利用它们表面的微妙变化来达到丰富色彩层次的效果。

 主题色

 主题色

 辅助色

 点缀色　　背景色

田园风格餐厅配色

1 绿色系在田园风格餐厅中的运用

绿色为田园风格餐厅增添清新感

在自然界中，草木花卉是不可或缺的因素，如果说绿色象征着草木，那么红色、粉色或黄色等色彩则象征着花卉。用绿色作为主色，红色、粉色或黄色作为辅助色或点缀色，这种源于自然的配色能够营造出清新、自然的空间色彩印象。

主题色

主题色

点缀色

背景色

背景色

	主题色	点缀色
背景色	点缀色	点缀色

· 配色解析

浅绿色与木色的搭配,体现自然、清新的色彩印象。

关于色彩的知识

如何运用色彩调节高低

除了房屋面积的大小不同,空间的结构高低也是不同的。如层高太低,容易产生压迫感;而层高太高,又会觉得太过轻浮。想要适当地进行调整,可以充分利用色彩明度这一属性,把握好高明度轻与低明度重的这一原则,也就是说深色给人下坠感,浅色则能给人带来上升感。如果层高过高,吊顶可以采用重色,地面采用轻色;空间较低时,吊顶采用轻色,地面采用重色。

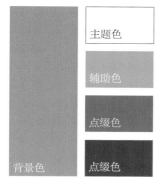

主题色

辅助色

点缀色

背景色　点缀色

• 配色解析

白色为主色，搭配浅绿色背景，
表现出清新、细腻的味道。

主题色　点缀色

背景色　点缀色　点缀色

• 配色解析

明亮的白色与清凉感的绿色，体现出清凉
感觉的同时，还具有清洁、干净的效果。

2. 白色系在田园风格餐厅中的运用

白色与暖色的搭配让餐厅色彩氛围更有融合感

白色能与任何一种颜色形成对比。在田园风格餐厅中，若要营造柔和、温馨的用餐氛围，可采用白色与暖色的搭配手法，因为白色与暖色的对比度相对较低，整体配色显得更加有融合感。暖色可以选择米色、粉色、黄色、卡其色等。

主题色	
辅助色	
点缀色	
点缀色	背景色

• **配色解析**

白色与暗暖色的搭配，表现出田园风格淡雅、细腻的色彩印象。

• 配色解析

白色与卡其色的色彩差异较小，
营造出轻柔、舒适的色彩印象。

主题色

主题色

点缀色

点缀色

背景色

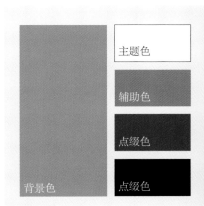

主题色

辅助色

点缀色

背景色

点缀色

主题色

主题色

点缀色

点缀色

背景色

白色与冷色，打造清新、舒适的用餐氛围

　　清新、舒适、没有压力，是田园风格给人最大的感受，因此，以和谐不突兀为首要配色原则。其中白色与冷色的搭配最能彰显田园风格的活力与自然气息。在实际运用时，可采用白色与冷色作为主色，再适当地搭配2~3种或深或浅的色彩进行点缀，以提升空间色彩的层次感。

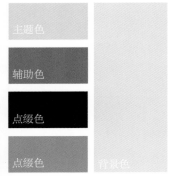

主题色

辅助色

点缀色

点缀色　　　　背景色

• 配色解析

白色与明快的冷色搭配出清凉、舒适的色彩印象。

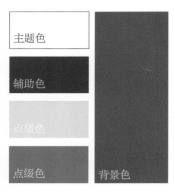

主题色

辅助色

点缀色

点缀色　　　　背景色

• 配色解析

绿色条纹布艺餐椅，体现出清新、自然的味道。

3 大地色系在田园风格餐厅中的运用

大地色系打造乡村田园风格餐厅的淳朴感

　　大地色系组合主要用到砖色、土黄色、驼色、草绿色、橄榄绿等颜色，是乡村田园风格中比较常见的一种配色方式。其色彩特点为深色调沉稳大气，浅色调柔和明快。通常在运用大地色系进行配色时，建议运用浅淡的米色作为背景色，以保证空间明亮清新的感觉。深色调则更加适用于木质家具或地砖等元素中。

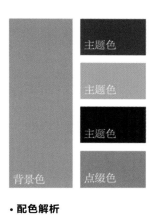

主题色

主题色

主题色

背景色　点缀色

• 配色解析

橄榄绿、土黄色、砖色的搭配，将淡雅、细腻的乡村田园印象表现得淋漓尽致。

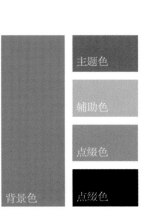

主题色

辅助色

点缀色

背景色　点缀色

• 配色解析

以暗暖色为重心，表现出乡村田园纯正、古旧的气质。

大地色与多彩色

　　大地色系与多色彩搭配，可以将蓝色、绿色、粉红色、紫色、黄色等多种色彩体现在壁纸、窗帘、墙饰、装饰画等元素中，再适当地搭配卡其色、棕红色或褐色的木质家具或地板，可营造出活泼、淡雅、细腻的色彩氛围。

主题色

辅助色

点缀色

点缀色　　背景色

主题色

辅助色

点缀色

背景色　点缀色

• 配色解析

窗帘盒绿植的色彩十分有层次，加上棕色木质家具，淳朴味道油然而生。

4. 黄色系在田园风格餐厅中的运用

黄色系

淡黄色、米黄色、浅黄棕色能给人带来温暖、舒适的视觉感受。在进行餐厅配色时，可选用黄色系作为主题色或背景色，若与白色搭配，则打造出一个简洁、柔和的用餐氛围；若与棕色等深色相搭配，则使空间的基调更加稳重。

| 主题色 |
| 辅助色 |
| 点缀色 |
| 点缀色 |
| 背景色 |

主题色

主题色

点缀色

点缀色

背景色

• 配色解析

不同明度与饱和度的黄色, 体现出柔和、舒适的色彩印象。

主题色

辅助色

点缀色

背景色　点缀色

关于色彩的知识

如何通过色彩调节居室冷暖

　　对不同的气候条件, 运用不同的色彩也可在一定程度上改变环境气氛。在严寒的北方, 人们希望温暖, 室内墙壁、地板、家具、窗帘选用暖色装饰会有温暖的感觉。在夏天, 南方气候炎热潮湿, 采用青、绿、蓝等冷色装饰居室, 感觉上会比较凉爽些。

卧室

卧室的色彩搭配要点

　　如何提高睡眠质量，是在进行卧室色彩搭配时需考虑的关键问题。低彩度的调和色是多数情况的首选，中低彩度、中低明度的色系也颇为理想。但对采光不好的卧室，应适当提高明度来调和卧室的气氛。通常，卧室顶部多用白色，白色和光滑的墙面可使光的反射率达到60%，更加明亮；墙壁可选用明亮并且宁静的色彩，如黄、黄灰色等浅色，能够增加房间的开阔感；地面一般采用深色，地面的色彩不要和家具的色彩太接近。

	主题色	辅助色
背景色	点缀色	点缀色

• 配色解析

木色与蓝色的搭配，营造出淡雅、清净的空间印象。

北欧风格卧室配色

主题色

辅助色

点缀色

点缀色　背景色

· 配色解析

灰色的运用体现了卧室低调、内敛的色彩印象。

① 冷色系在北欧风格卧室中的运用

低纯度的冷色营造低调、沉稳的空间氛围

　　低纯度的冷色是能够营造宁静、内敛等空间氛围的配色方法。因为色彩的明度低、饱和度高，能够很好地降低空间的视觉干扰，从而得到低调、稳重的空间氛围。在运用时可以适当地与白色、米白色、浅米色等浅色调进行搭配，以缓解沉闷感。

主题色

辅助色

点缀色

背景色　点缀色

主题色

辅助色

点缀色

点缀色　背景色

主题色　　主题色

背景色　　辅助色　　点缀色

· 配色解析

低纯度色彩的运用，营造出沉稳、安逸的睡眠空间。

2. 无彩色系在北欧风格卧室中的运用

无彩色展现男性卧室的干练

黑色、灰色无疑是最能表现出男性特点的颜色。多数北欧风格的色彩搭配上都会利用黑色，但是在卧室中的运用不能太多。想要展现出男性特有的理性气息时，蓝色和灰色是不可缺少的颜色；同时与具有清洁感的白色搭配，则能显示出男主人的干练和力度。

背景色　主题色　辅助色　辅助色　点缀色

	主题色	辅助色
背景色	点缀色	点缀色

· 配色解析

不同明度的灰色, 体现出干练、素雅的色彩印象。

主题色

辅助色

点缀色

背景色

3 原木色在北欧风格卧室中的运用

木色烘托出卧室的舒适氛围

　　北欧风格卧室中常用的木材主要有地板、护墙板及小型家具，淡淡的原木色体现出北欧风格的温润、雅致。在进行色彩搭配时，多与白色、灰色或淡冷色相搭配，充分利用木色作为过渡色，体现空间配色的和谐感。

主题色

辅助色

点缀色

背景色　　点缀色

背景色

主题色　　辅助色

点缀色　　点缀色

· 配色解析

大面积的木色与白色搭配，体现出简洁、舒适的色彩印象。

	主题色	主题色
背景色	点缀色	点缀色

• 配色解析

木色与米色的色差较小，营造出柔和、舒适的睡眠空间。

关于色彩的知识

如何运用色彩营造成熟的氛围

青年夫妇使用的空间，宜以粉色、橙色、淡蓝色为主，可以使室内气氛既柔和又轻松。老年人使用的空间，应以中性色为主，颜色不要太强烈，也不要太压抑，色彩不要杂乱，主要用一些温柔、沉静的色调，以起到舒畅性情的作用。

4. 明亮色调在北欧风格卧室中的运用

亮色调的点缀

在北欧风格卧室中，可以适当地使用明亮的色彩，与白色、黑色、木色、棕色等色彩进行搭配。亮色的使用面积不需要太大，一把单人座椅、一只抱枕或是一幅装饰画的点缀，都可以为空间增添一份明媚的视觉效果。

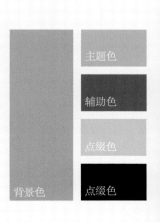

主题色

辅助色

点缀色

背景色　点缀色

主题色

辅助色

点缀色

点缀色

背景色

• 配色解析

高明度的暖色具有明快、柔美的感觉，为卧室增添细腻、舒适的味道。

主题色

主题色

背景色

辅助色

点缀色

• 配色解析

以对比色为配色主题的装饰画，传达出清新、活跃的色彩印象。

5. 米色系在北欧风格卧室中的运用

米色与深色的搭配

　　米色是一种亲切又舒适的色彩。在卧室配色时，与少量的深色相搭配，可以让色彩过渡更加柔和，突出色彩层次的同时又不会破坏北欧风格和谐、细腻的配色特点。

主题色

辅助色

点缀色

背景色　　点缀色

• 配色解析

米色与黑色的对比效果柔和，体现出休闲、舒适的色彩印象。

6. 棕色系在北欧风格卧室中的运用

北欧风格卧室中棕色系的运用技巧

运用于北欧风格中的棕色系主要有棕色、咖啡色、茶色等。在运用棕色系进行配色时,应与适量的白色或灰色进行穿插搭配,以缓解棕色系所带来的沉闷、单调的感觉,让整个卧室空间都有一种朴素又具有一丝温暖的厚重感。

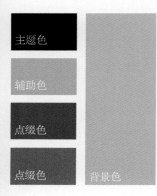

主题色

辅助色

点缀色

点缀色

背景色

现代简约风格卧室配色

主题色

主题色

辅助色

点缀色　背景色

①. 无彩色在现代风格卧室中的运用

灰色系布艺呈现现代风格卧室的高级感

灰色具有时尚、睿智的气质，也是具有理性的色彩之一。在现代风格卧室中多以浅灰色、中灰色、大象灰、烟灰色等作为窗帘、床品、地毯等布艺软装的配色，以体现空间的高级感与稳重感。

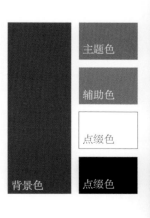

主题色

辅助色

点缀色

背景色　点缀色

	主题色	辅助色
背景色	点缀色	点缀色

· 配色解析

灰蓝色的床品与米色背景色, 搭配出温和、朴素的色彩印象。

黑白灰三色组合

　　黑色与灰色的大面积运用，或黑色、白色、灰色三种颜色的组合运用，都能显现出现代风格时尚感、硬朗的气息。若使用黑、白、灰三色作为卧室的配色中心，可以适当地选用一些暖色进行点缀，为睡眠空间增添一份暖意。

主题色

辅助色

点缀色　　背景色

主题色

辅助色

点缀色

背景色　　点缀色

• **配色解析**

无彩色系的组合搭配，色彩过渡明快，传达出睿智、洒脱的色彩印象。

2. 高饱和度色彩在现代风格卧室中的运用

黄、蓝对比的点缀运用

以高饱和度的黄色与蓝色作为现代风格卧室中的点缀色，可以营造出一个颇具活力感的卧室空间。在实际运用时，黄、蓝两色的实用面积不需要太大，这样既能活跃氛围，又不会因为过渡的对比而让人产生不适之感。

主题色	背景色
主题色	
点缀色	
点缀色	

• 配色解析

以无彩色为主色的空间内，蓝色与黄色的对比显得格外有跳跃感。

高饱和度暖色与白色的搭配

采用白色与高饱和度的暖色进行搭配，很能突出现代风格配色明快的特点。将粉色、紫色、红色、橙色等高饱和度的暖色用于床品、地毯、窗帘等布艺元素中，使整个空间的氛围更加温馨、浪漫，此种配色手法十分适用于女孩房与婚房。

主题色

主题色

点缀色

点缀色

背景色

主题色

主题色

辅助色

背景色

点缀色

关于色彩的知识

如何运用色彩营造童趣的氛围

使用一些比较鲜艳的色彩作为儿童房的主基调。与家中的其他空间不同，儿童房色彩可以很多、很跳跃。大多数学龄前儿童正处在视觉发育期，多接触一些对比强烈的色彩，对于视觉的发育会有很大帮助。

③. 棕色系在现代风格卧室中的运用

棕色系体现现代风格的高雅与时尚

　　棕色系很能体现现代风格时尚、高雅、沉稳的气质。在实际搭配时，采用浅棕色搭配灰色与米色，可打造出素雅、时尚的卧室空间；若采用深棕色与米色或白色进行搭配，则能营造出现代风格卧室高雅、大方的一面。

主题色

主题色

点缀色

点缀色　　背景色

主题色

主题色

辅助色

背景色　点缀色

主题色

辅助色

点缀色

点缀色　背景色

主题色　辅助色

背景色　点缀色　点缀色

· 配色解析

棕色为辅助色，与白色、米色进行搭配，具有低调、内敛的色彩效果。

4. 冷色系在现代风格卧室中的运用

无彩色+冷色的搭配

无彩色与冷色的搭配让整个卧室的氛围更加简洁、大气。其中灰色+白色+冷色的搭配，可令家居环境更显高雅、时尚；而黑色+白色+灰色+冷色的搭配，则能使卧室的氛围更加明快。因此无彩色+冷色的配色手法更适合单身男性的卧室使用。

主题色

辅助色

点缀色

背景色

| 背景色 | 主题色 | 辅助色 |
| | 点缀色 | 点缀色 |

· 配色解析

灰蓝色、绿色运用在以灰色与白色为主色的空间内，使空间具有浓郁的自然气息。

主题色

辅助色

辅助色

点缀色

背景色

5. 米色系在现代风格卧室中的运用

米色与白色打造平稳、安定的睡眠空间

　　柔和、温馨是米色系最突出的特点，在现代风格卧室中，可采用米色与白色进行搭配，由于米色系与白色的明度差较小，可使空间的氛围更加平稳、安定，更有利于睡眠。

主题色

主题色

辅助色

点缀色

背景色

主题色

主题色

辅助色

点缀色

背景色

主题色　辅助色

背景色　点缀色　点缀色

· 配色解析

米色与白色的组合搭配，简洁、舒适，体现出都市生活的优雅。

主题色

主题色

辅助色

点缀色

背景色

关于色彩的知识

如何运用色彩营造健康的氛围

　　在进行居室配色时，应尽量选择高明度、高饱和度的自然色系，因为明亮、清爽的颜色会让人产生愉悦感，从健康层面来讲会让人更觉得舒适自在、身心健康。

中式风格卧室配色

主题色

辅助色

点缀色

背景色　点缀色

1. 华丽色彩在中式风格卧室中的运用

中国蓝展现素雅、古朴的中式韵味

　　以蓝色作为卧室墙面或地面的局部配色，或是用于床品、地毯、窗帘等软装元素中，很能体现中式风格素雅、古朴的韵味。在实际运用时，应根据卧室的采光情况及面积大小来调整蓝色的明度与饱和度，在与其他色彩搭配时以米白色、白色、浅米色为最佳。

主题色

主题色

辅助色

点缀色　背景色

主题色

辅助色

点缀色

背景色　点缀色

华丽色调的布艺床品

中式风格卧室中华丽色彩的运用主要体现在布艺元素中，它们延续了古典宫廷的用色特点，以红色、蓝色、黄色、青色、金色为主，图案包括万字纹、卷草纹、回字纹等，充分体现了中式传统文化的底蕴，也为卧室环境带来富贵气息。

主题色	辅助色
点缀色	点缀色

背景色

• 配色解析

暗暖色为主色的布艺床品，体现出传统中式低调、内敛的气度。

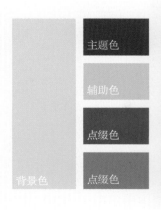

主题色

辅助色

点缀色

背景色　点缀色

2. 红色在中式风格卧室中的运用

红色渲染喜庆的空间氛围

喜庆的红色是中式婚房中不可或缺的色彩。在传统的中式风格卧室中，红色被大量地运用，木质家具、布艺床品、灯饰等元素都可以选用红色。在运用时可搭配中式传统的图案花纹，以避免大量的红色所产生的刺激感。

主题色

主题色

辅助色

点缀色　背景色

背景色

主题色	辅助色
点缀色	点缀色

• 配色解析

红色灯饰及窗帘的点缀，体现出喜庆、吉祥的色彩印象。

主题色

辅助色

点缀色

点缀色

背景色

3 米色系在中式风格卧室中的运用

米色与黑色表现素雅、和谐的新中式风格卧室

在新中式风格的卧室中，采用米色与黑色作为配色中心时，可以采用米色为背景色或主题色，以增强空间的舒适度；将黑色作为点缀色用于小型家具或作为装饰线条用于墙面或顶面，丰富设计造型的同时，还可以使色彩更有层次。

主题色

辅助色

点缀色

点缀色　背景色

利用米黄色烘托出亲切、祥和的睡眠空间

　　中式风格中的米黄色源于皇室的象征，有着富贵、吉祥的寓意。以米黄色作为卧室的背景色，搭配带有古典韵味的图案及花纹，彰显出古典中式风格雅致、古朴的格调。另外，米黄色所营造出的亲近与祥和感，十分有助于睡眠。

主题色

辅助色

点缀色

点缀色

背景色

主题色

辅助色

点缀色

点缀色

背景色

4. 无彩色系在中式风格卧室中的运用

无彩色与冷色或暖色的搭配运用

　　新中式风格中，运用无彩色作为卧室的配色中心，若以少量的冷色进行点缀润色，所营造出的氛围会十分清爽、明快，在配色时可以将白色或灰色作为主要配色，而黑色、冷色作为点缀色。若想塑造出一个温馨、舒适的睡眠空间，可采用无彩色与暖色进行搭配，以白色或浅灰色作为主要配色，而床品、窗帘、灯饰等软装元素则可以选择暖色。

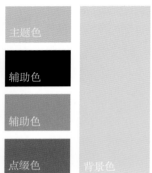

主题色

辅助色

辅助色

点缀色　背景色

• 配色解析

灰蓝色的点缀，让以灰色、白色为基调的空间，显得更加平静、安逸。

	主题色	辅助色
背景色	点缀色	点缀色

• 配色解析

柔和的粉色以白色、棕色来搭配，表达出轻柔、浪漫的气氛。

主题色

辅助色

点缀色

背景色　　点缀色

关于色彩的知识

如何运用色彩营造清新的氛围

　　白色系、黄色系、绿色系与浅色系都能给人带来一种清新、自然、干净的视觉效果。它们可以使空间看起来更加新颖、漂亮，产生一种清新、自然、干净的视觉效果。

无彩色系的组合运用

若单纯地利用无彩色作为卧室的配色中心,可以通过调整灰色的深浅度来体现色彩的层次感,同时也能很好地削弱黑色与白色的对比感,让卧室的色彩搭配更加和谐。

主题色

辅助色

点缀色　背景色

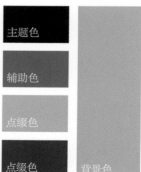

主题色

辅助色

点缀色

点缀色　背景色

• **配色解析**

高级灰为基调的卧室,体现了现代中式风格低调、简约的色彩特点。

5 棕色系在中式风格卧室中的运用

棕色系打造可靠、稳定的睡眠空间

　　深棕色、浅棕色、咖啡色、褐色等棕色系作为卧室的配色,能够使人的感觉更加可靠、稳定。采用棕色系内不同明度的变化形成层次感,再适当地加入一些浅色,可以令空间显得质朴,却不显厚重。

主题色

主题色

点缀色

点缀色

背景色

主题色

主题色

点缀色

点缀色

背景色

主题色

辅助色

点缀色

点缀色

背景色

主题色

辅助色

背景色

点缀色

点缀色

· 配色解析

暗暖色表达出坚实、有力的色彩印象，彰显出中式的厚重与传统。

欧式风格卧室配色

主题色

辅助色

点缀色

点缀色

1 华丽色彩在欧式风格卧室中的运用

紫色在欧式风格卧室中的运用

紫色象征着神秘、浪漫，明亮、柔和的紫色可以营造出高贵、奢华的氛围。紫色运用在卧室中不宜大面积使用，可以作为主题墙面的局部配色，或应用于床品、窗帘、地毯等布艺元素中。

主题色

主题色

点缀色

点缀色　　　背景色

主题色

主题色

辅助色

点缀色

背景色

主题色

辅助色

点缀色

点缀色

背景色

关于色彩的知识

如何运用色彩营造沉稳的氛围

　　暗沉的大地色系、黑灰色调与一些深色调的颜色搭配，因为它们的色彩光感度不高，会给人一种沉稳、低调的感觉。即便是新居，也会让人产生一种陈旧的感觉。

粉色系打造浪漫的卧室氛围

　　粉色系能给人浪漫、天真的感觉,有助于缓解精神压力,通常用于女孩房及婚房中。粉色系通常与奶白色、米白色、象牙白、纯白色等高明度的色彩进行搭配,使配色效果更加明快、更有层次。

主题色　　辅助色

背景色　　点缀色　　点缀色

• 配色解析

俏皮的粉红色床品与白色搭配,体现出浪漫、温馨的色彩印象。

主题色

辅助色

点缀色

背景色

• 配色解析

低明度的粉色作为辅助色,加上白色的对比,空间氛围更加甜美、温馨。

亮丽的冷色使卧室的色彩设计更加丰富

　　高明度、高饱和度的冷色可以使空间的色彩层次更加丰富。在运用时，可以选用一种或两种冷色作为点缀色，其中与浅色系进行搭配，则能营造出一个清爽、干净的睡眠空间；若与深色系相搭配，则使卧室空间显得更加奢华、贵气。

主题色

主题色

点缀色

点缀色　　　背景色

· 配色解析

蓝色、粉色、黄色、金色的点缀，表现出浓郁、华丽的色彩印象。

主题色　　辅助色

背景色

辅助色　　点缀色

· 配色解析

金色、黑色、青色、橙红色等色彩，组合出丰富的色彩层次，表现出成熟、奢华的装饰效果。

红色系为主色彰显欧式风格的华贵气度

　　欧式风格中的红色系主要以紫红色、棕红色、褐红色、暗红色等沉稳内敛的色调为主，能够增强空间的分量感与稳重感。在运用时可以选用米色作为空间的背景色，同时降低主色的明度，以方便提升暗暖色的使用比例，使优雅宁静的空间中留有奢华的气息。

主题色

主题色

背景色　点缀色

· 配色解析

浓、暗的红色，饱和度很高，使空间的氛围更加豪华。

主题色

主题色

辅助色

点缀色　背景色

②. 米色系在欧式风格卧室中的运用

米色为背景色打造轻盈、舒适的睡眠空间

　　简欧风格的卧室中多采用轻盈、明快的米色系作为主要配色。家具陈设、布艺装饰等元素的色彩可以选用同色系，再借助不同材质的纹理及触感来体现色彩的层次；另外还可以融入少量的深色进行点缀，使卧室的色彩搭配更和谐、舒适。

主题色

主题色

辅助色

点缀色

背景色

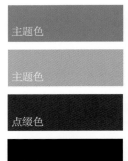

主题色

主题色

点缀色

点级色

背景色

	主题色	主题色
背景色	辅助色	点缀色

• 配色解析

窗帘、墙面的米色，有温暖的感觉，加上地板的深棕色，古典气质油然而生。

	主题色
	主题色
	点缀色
背景色	点缀色

• 配色解析

米色与白色、浅灰色搭配出柔和、舒适的睡眠空间。

3. 棕色系在欧式风格卧室中的运用

棕色系演绎欧式风格的古典意味

以暖白色、奶白色或米白色作为空间的背景色，再搭配浅棕色、深棕色、茶色、咖啡色等具有古典意味的色系，可以有效提升空间的整体明度，展现传统欧式风格大气、典雅的特点。

主题色

辅助色

点缀色　　背景色

主题色

主题色

辅助色

点缀色　　背景色

主题色

辅助色

点缀色

点缀色

背景色

背景色

主题色

点缀色

辅助色

点缀色

• 配色解析

棕色家具与地板的搭配，整体呈现出厚重、高档的感觉。

4. 白色系在欧式风格卧室中的运用

白色系为主色的卧室

新欧式风格可以选用白色系作为空间的主要配色。在运用时，可以将纯白色的背景换成象牙白、米白或奶白色等，便能使整个空间氛围更加柔和、素雅。同时再搭配不同色系的深色或浅色，以增添空间配色的层次感。

关于色彩的知识

如何避免配色不当引起的忧郁情绪

明度低、过于浑浊、单调的居室配色很容易让人情绪低落，长时间处于这样的色彩环境中，很容易让人心情沉闷，不利于人的身心健康。在运用时，可以适当的加入一些明快、清爽的颜色进行点缀搭配，以避免配色不当引起的忧郁情绪。

		主题色		主题色
背景色		辅助色		点缀色

· 配色解析

米白色的床与白色衣柜是卧室的主角,再搭配暗暖色地板及窗帘,使空间具有足够的分量感。

主题色

主题色

辅助色

点缀色

背景色

5 金属色在欧式风格卧室中的运用

金属色的点缀打造欧式卧室的奢华气度

  金色、银色在欧式风格的卧室中多被运用于墙面、顶面的装饰边框中，再或是木质家具的雕花中。它们象征着奢华与贵气，无论与任何一种颜色搭配，都能形成良好的对比效果。

主题色

主题色

点缀色

背景色　　点缀色

• 配色解析

卧室以米色为主色，金色点缀，表现出含蓄、内敛的古典色彩印象。

主题色

辅助色

点缀色

点缀色　　背景色

• 配色解析

深棕色墙面，具有稳重的视觉感，与白色、米白色搭配，给人一种充实、安稳的感觉。

地中海风格卧室配色

主题色

辅助色

点缀色

点缀色　背景色

1. 大地色系在地中海风格卧室中的运用

大地色与对比色的搭配运用

以大地色作为卧室空间的主色，将红色与绿色、黄色与蓝色、蓝色与白色等对比色组合运用在软装元素中，既能体现空间色彩的活跃感，又能演绎地中海风格拒绝沉闷的配色特点。

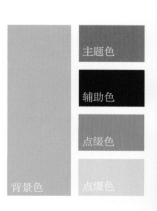

主题色

辅助色

点缀色

背景色　点缀色

	主题色	辅助色
背景色	点缀色	点缀色

• 配色解析

暗暖色的大地色组合出温暖、凝重的传统
视觉效果。

主题色

辅助色

点缀色

点缀色

背景色

背景色　主题色　辅助色　点缀色　点缀色

· 配色解析

驼色的沙发与床品，有温暖的感觉，加上床头柜、地板的深棕色，古朴、雅致的气质油然而生。

2. 多彩色在地中海风格卧室中的运用

多种色彩点缀出儿童房的活跃氛围

　　将紫色、红色、蓝色、黄色、绿色、粉色、白色等至少三种色彩组合，作为点缀使用，让地中海风格卧室的配色别有韵味也更显活泼。如以大地色或白色作为墙面、地面或大型家具的主色，加入红色、绿色、蓝色、紫色、黄色、黑色等多种色彩的组合进行点缀，可以让整个空间的设计更加丰富，这种比较活跃的配色手法多用于儿童房。

主题色

点缀色

点缀色

点缀色　　背景色

· 配色解析

装饰画的色彩丰富，使卧室的氛围显得十分活跃。

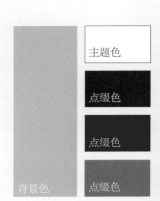

主题色

点缀色

点缀色

背景色　　点缀色

主题色

辅助色

点缀色

背景色　点缀色

· 配色解析

淡蓝色为背景色,搭配红蓝相间的布艺装饰,表现出休闲、舒适的色彩印象。

主题色

辅助色

点缀色

点缀色

关于色彩的知识

如何运用色彩稳定高空间重心

通常来讲,房屋的层高过高,会出现整个空间不稳的尴尬局面。在色彩搭配中,明度低的色彩具有更大的重量感,它分布的位置决定了空间的重心。我们可以通过调节空间色彩的明度差来强调空间的重心。比如地面和家具都是高明度色彩,那么可以降低墙面或吊顶颜色的明度,达到上重下轻的效果,这样的搭配既能使空间更具动感,又可以缓解层高过高带来的突兀。

③ 白色系在地中海风格卧室中的运用

白色系让卧室更加整洁、明快

　　白色的明度最高，也是地中海风格中最常用的色彩之一，用来搭配任意一种颜色都能形成一定的对比感。卧室中若选用白色作为主题色，可以米色、棕色、蓝色进行搭配，让整个卧室空间的氛围更加明快。若想要色彩过渡更加柔和，则可以通过调整白色的明度来实现，可将纯白色换成奶白色、象牙白、米白色等。

主题色

辅助色

点缀色

点缀色

背景色

主题色	主题色
背景色	点缀色	点缀色

• 配色解析

白色为主色的卧室空间，蓝色、灰色的点
缀，突出了色彩搭配的张力与朝气。

主题色
主题色
点缀色
背景色	点缀色

• 配色解析

蓝白相间的背景色，让色彩印象十分
活跃，并充满动感。

4 蓝色系在地中海风格卧室中的运用

蓝色与米色和白色的搭配运用

将米色或白色用于卧室的背景色上，再搭配适量的蓝色来作为辅助色或点缀色，可以营造出一个悠闲自得的卧室空间，极具放松感。这种配色手法也是地中海风格中的经典配色之一。

主题色

辅助色

点缀色

点缀色　　背景色

• **配色解析**

蓝白相间的配色组合，在米色的调和下，表现出温馨、舒适的色彩印象。

蓝色与棕色搭配出质朴、悠闲的睡眠空间

在地中海风格的卧室中，若以蓝色作为背景色，多会选用高明度、低饱和度的蓝色，以避免大面积的蓝色所产生的压抑感。同时为体现空间的稳重感，多会采用棕色系作为地面或部分家具的色彩，再适当地搭配一些白色进行调节，便可以令整个空间显得轻松、质朴、悠闲。

主题色　　辅助色

背景色　　点缀色　　点缀色

• 配色解析

淡蓝色与白色的组合，清新、淡雅，深棕色地板的运用，使色彩搭配更显稳重、安宁。

主题色

辅助色

点缀色

点缀色　　背景色

5 米色系在地中海风格卧室中的运用

米色与木色打造自然、舒适的睡眠空间

　　米色与木色的搭配在配色中属于同色调搭配手法，它们所搭配出的空间色彩层平稳、柔和，所营造的氛围也十分自然、舒适。在实际运用时，米色多被使用在床品、窗棂、地毯、壁纸软装元素中，而木色则主要体现在木质家具或木质地板中。

主题色

辅助色

点缀色　　背景色

主题色

主题色

辅助色

背景色　　点缀色

美式风格卧室配色

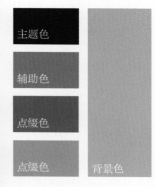

主题色

辅助色

点缀色

点缀色　背景色

①. 大地色系在美式风格卧室中的运用

大地色系在美式风格卧室中使用技巧

　　大地色系是最亲近自然的色彩之一。以大地色系作为卧室的主色，能够营造出一个沉稳、舒适的睡眠空间。我们可以通过调整大地色系的明暗度或饱和度来体现色彩层次感，此外还可以采用白色、米白色等浅色与大地色系进行调和，以表达出美式风格卧室柔和、朴素、自然的色彩印象。

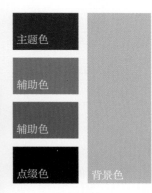

主题色

辅助色

辅助色

点缀色　背景色

	主题色	辅助色
背景色	点缀色	点缀色

• 配色解析

大地色系的组合运用，表现出美式风格的精致美感与传统的厚重感。

关于色彩的知识

如何运用色彩调整小空间重心

　　对于一些面积较小的空间来讲，通常会运用大量的浅色，以求在视觉上得到宽敞、明亮的感觉。但是如果全部都用浅色，难免会给空间带来轻飘感，可以通过搭配深色调的家具来强调空间的重心。例如墙面、吊顶甚至地面都是低明度色彩的浅色，家具便可以选择棕色、巧克力色等深色，让整个空间的重心达到稳定的效果。

主题色

辅助色

点缀色

点缀色

背景色

背景色

主题色

主题色

点缀色

点缀色

· 配色解析

暗暖色的大地色系组合在一起，少量冷色的点缀，使沉稳的色彩空间增添了一份清新、柔和的美感。

2 米色系在美式风格卧室中的运用

米色与不同深浅色系的搭配

　　高明度的米色能够展现出卧室空间的舒适与温馨。与浅棕色、浅咖啡色、浅栗色、浅亚麻色等浅色调相搭配，则会传达出细腻、典雅的色彩印象；若与黑色、深棕色、深咖啡色、深黄棕色、深红棕色等深色调相搭配，则会使整个睡眠空间古朴中又带有一丝明快的感觉。

主题色

辅助色

辅助色　　　背景色

· 配色解析

浅米色与米黄色的搭配，色彩过渡柔和，表现平稳、安逸的色彩印象。

主题色

辅助色

点缀色

点缀色

背景色

背景色

主题色

辅助色

主题色

点缀色

· 配色解析

米白色与白色的搭配，体现出简洁、舒适的

色彩印象。

	主题色	辅助色
背景色	点缀色	点缀色

· 配色解析

米色为主色的空间基调更显温馨、舒适的
色彩印象。

主题色
辅助色
点缀色
点缀色
背景色

3 多彩色组合在美式风格卧室中的运用

丰富多彩的软装元素体现配色的层次感

美式风格卧室中的布艺元素、壁纸及墙饰等装饰元素的用色十分丰富，这些元素的运用既不会破坏空间的整体感，又能很好地提升配色层次，同时还能有效地缓解大地色系所带来的压抑感与厚重感。

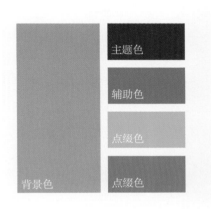

	主题色	辅助色
背景色	点缀色	点缀色

• 配色解析

装饰画的色彩层次分明，打破了暗暖色给空间带来的沉稳与单调。

主题色

辅助色

点缀色

背景色

主题色

主题色

辅助色

点缀色

背景色

背景色

主题色　辅助色

点缀色　点缀色

• 配色解析

壁纸、床品、地毯的色彩丰富，表现出淡雅、细腻的色彩印象。

4. 白色系在美式风格卧室中的运用

白色与暗暖色的搭配

新美式风格中习惯运用咖啡色、茶色、棕色等暗暖色调来体现空间的稳重感，再以轻柔、干净的浅色为主调，如米白色、奶白色、白色等，利用白色系与暗暖色的对比，来营造一个利落、时尚的美式风格空间。

主题色

辅助色

点缀色

点缀色

背景色

• **配色解析**

沉稳的暗暖色搭配明快的白色，表现出柔和、舒适的色彩印象。

主题色

辅助色

点缀色

点缀色

背景色

主题色

辅助色

点缀色

点缀色

背景色

关于色彩的知识

如何运用色彩让空间重心更稳

　　若想使空间更有稳定感，可以在选色上形成上轻下重的配比，以强调空间的重心。例如墙面与吊顶都为白色或其他浅色调的颜色，家具与地面的颜色则可以选择相对较深的颜色，两者之间可以通过明度变化或材质的变化来体现层次感，这样一来既增强了空间的稳重感，又不失层次感。

现代美式风格卧室中无彩色系运用

现代美式风格的卧室配色中，会充分利用白色的包容性来彰显空间的素雅与整洁。在运用时，可将白色作为背景色或主题色，再将不同明度的灰色作为辅助色或点缀色；若使用黑色与白色相搭配，应合理把控黑色的实用面，以避免黑白两色的对比过于强烈给人带来不适感。

主题色

辅助色

点缀色　背景色

主题色

主题色

辅助色

点缀色　背景色

• 配色解析

无彩色的对比运用凸显了现代美式的明快与简洁。

田园风格卧室配色

主题色

辅助色

点缀色

点缀色　　背景色

1. 米色系在田园风格卧室中的运用

米黄色让睡眠空间更显安逸、舒适

　　米黄色的明亮感与温暖感可以有效弱化其他色彩给空间带来的素净与冷清。例如在一个以白色为主色的环境中，米黄色的加入可以有效地为空间增添温度感，同时与自然的木色色温相符，既能延伸出丰富的层次感，又不会显得过于突兀。

主题色

主题色

点缀色

背景色　　点缀色

· 配色解析

米黄色的基调，表现出一个温暖、舒适、安逸的色彩印象。

主题色

辅助色

点缀色

点缀色

背景色

主题色　辅助色

背景色　点缀色　点缀色

· 配色解析

米黄色与木色的微弱色差，表现出柔和、闲适的色彩印象。

主题色	辅助色
点缀色	点缀色

• 配色解析

白色与米黄色的搭配，使空间基调具有舒
适、干练的感觉。

2. 白色系在田园风格卧室中的运用

白色主题色营造简洁温馨的田园卧室

　　白色系是家居配色中必不可少的色彩。在进行田园风格配色时通常以白色、米白色、象牙白、奶白色等作为背景色或主题色，再以其他色彩作为辅助色或点缀色。例如白色的墙面与吊顶搭配棕黄色或棕红色的木地板，再融入绿色作为点缀装饰，就可让人感觉到清新、自然的气息。

主题色

辅助色

点缀色

点缀色　背景色

主题色

辅助色

点缀色

点缀色

背景色

背景色

主题色	辅助色
点缀色	点缀色

• 配色解析

白色为基调的卧室空间，通过明度的调整
表现出一个淡雅、细腻的色彩印象。

	主题色	辅助色
背景色	点缀色	点缀色

• 配色解析

以白色为主色，与淡蓝色及木色搭配，表现出清新、自然、舒适的色彩印象。

关于色彩的知识

天然材质的色彩特点

　　天然材质是指非人工合成的装饰材料，常见的有天然木材、天然石材、藤竹等。天然材质的特点是色彩比较细腻，即使是单一材质，其色彩层次感也是很强的。天然材质以棕色、咖啡色、卡其色等大地色居多，可以使空间显得更加朴素、雅致，为空间带来暖意，增强自然气息。

3. 暖色系在田园风格卧室中的运用

高明度的暖色营造浪漫氛围

　　田园风格卧室中的暖色主要以淡粉色、淡紫色、米黄色、奶黄色等高明度、低饱和度的色彩为主，它们主要体现在窗帘、抱枕、壁纸、花草等装饰元素中，既能丰富空间色彩层次，又能营造一份甜美、浪漫的空间氛围。这类色彩多出现在女孩房的色彩设计中。

| 主题色 |
| 辅助色 |
| 点缀色 |
| 点缀色 |
| 点缀色 |

| 主题色 |
| 辅助色 |
| 点缀色 |
| 点缀色 |　背景色 |

· 配色解析

淡淡的粉色烘托出一个甜美、浪漫的空间氛围。

主题色	主题色
点缀色	点缀色
背景色	

· 配色解析

粉色与绿色的搭配表现出清新、柔和的色彩印象，大面积的冷色也营造出轻柔、爽快的感觉。

主题色

辅助色

点缀色

点缀色

背景色

4. 多种色彩在田园风格卧室中的运用

多种色彩与白色的搭配

　　如果只有单一色相配色，就会失去田园风格的自然与朝气。白色+多色彩的配色方式是一种顺应浪漫且不夸张的方法。例如白色搭配黄色，可以使空间显得更加温暖舒畅；与粉红色搭配，则显得更加甜美。可将多种高明度、低饱和度的色调融入带有草木花卉图案的布艺装饰中，再利用白色的包容性来削弱多色调的杂乱感。

	主题色	辅助色
背景色	点缀色	点缀色

• 配色解析

床品的色彩丰富，表现出配色的活跃与层次感。

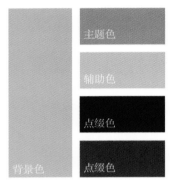

主题色
辅助色
点缀色
背景色 　点缀色

· 配色解析

绿色、白色、黑色、米色的组合搭配，表现出淡雅、舒适的色彩印象。

主题色
主题色
点缀色
点缀色
背景色

关 于 色 彩 的 知 识

人工材质的色彩特点

　　人工材质的色彩比较鲜艳，但是装饰效果却偏冷。通常来讲，居室内的人工材质运用得越多，装饰效果就会越时尚。同时人工材质的层次感比较薄弱，单一材质会使整个空间的色彩显得比较单一，最好是与天然材质或暖材质搭配使用，以增加空间的温度和自然气息。

书房

书房的色彩搭配要点

在搭配书房色彩时，最佳的选择就是安静的颜色，以暗灰色为主。应注意与其他空间的色彩进行调配，让整个家居氛围更加和谐。蓝色是能让人安静下来的颜色，运用在书房是最适宜不过了。书房最好不要选择黄色，黄色虽然文雅而天然，但它会减慢思考的速度，黄色带有温顺的特性，具有凝思静气的作用，假如长期接触，会让人变得慵懒。其次，选用绿色的盆栽来调配书房的装饰色彩，不仅能缓解神经紧张，而且对保护视力也有好处。

主题色

辅助色

点缀色

点缀色　　背景色

北欧风格书房配色

主题色

辅助色

点缀色

背景色　　点缀色

1. 无彩色系在北欧风格书房中的运用

使用灰色作为调节色的北欧风格书房

　　书房中若采用无彩色系作为主要配色, 可以利用灰色作为调节色, 让黑色与白色的对比不至于太过强烈, 同时也不会破坏空间的明快感。此外, 还可以适量地添加一点蓝色或绿色, 让整个空间的氛围更加素净, 更有利于工作与学习。

主题色

点缀色

点缀色

点缀色　　背景色

	主题色	主题色
背景色	辅助色	点缀色

• 配色解析

无彩色为主题色的装饰画，为书房增添了一
份干练、舒适之感。

主题色	
辅助色	
点缀色	
点缀色	背景色

• 配色解析

浅灰色调的背景色，表现出干练、
整洁的色彩印象。

② 原木色在北欧风格书房中的运用

原木色与中性色的搭配

若书房中以木色作为主色,可以选用青色、淡青色、淡绿色等中性色作为点缀,让室内气氛既柔和又轻松。这是因为中性色与木色相搭配,色彩的对比不会太强烈,也不会显得杂乱,反而会让人的感觉十分平和、舒畅。

主题色

辅助色

点缀色

点缀色

背景色

主题色

辅助色

点缀色

点缀色

背景色

主题色

辅助色

背景色

点缀色

点缀色

● 配色解析

原木色书桌与地板为黑白色调的空间增添了一份安静、舒适之感。

关于色彩的知识

材料的冷暖对色彩有什么影响

通常装饰材料会有冷暖之分，如针织物、布艺、皮毛等属于暖材料，而玻璃、金属等材质则属于冷材料。暖材料的最大特点是即使为冷色调，也不会让人觉得特别冷；冷材料则恰恰相反，即使是暖色附着在冷材料上，也不会带来太多的暖意。在进行家居配色时，可以运用冷暖材料的搭配来缓解色彩的冷暖对比，同时也可以强化色彩的对比。

3 冷色系在北欧风格书房中的运用

淡冷色系的辅助与点缀

以浅淡的冷色作为北欧风格书房的辅助色或点缀色，能给人带来一种和睦、宁静、自然的感觉。在运用时可与灰色、白色或棕色进行搭配，它们可以使书房空间看起来更加规范与整齐。

主题色

主题色

辅助色

点缀色　背景色

· 配色解析

灰蓝色的运用，表现出素雅、安宁的色彩印象。

主题色

主题色

辅助色

点缀色　背景色

· 配色解析

浅灰色、白色、深棕色的组合搭配，表现出简约、整洁的色彩印象。

4. 明亮色彩在北欧风格书房中的运用

高纯度色彩的点缀

　　北欧风格书房中多以白色、米色、浅木色、浅蓝色、浅绿色作为背景色，同时为避免浅色调的单调感，可以将鲜艳明亮的色彩运用在小型家具、台灯、饰品等软装元素上，以增添空间氛围的活跃感。

主题色

辅助色

点缀色

点缀色　　　　　　　　背景色

主题色　　　辅助色

背景色　　　点缀色　　　点缀色

· 配色解析

白色为主色的空间，简洁大气，明黄色的点缀为空间注入一份暖意。

现代简约风格书房配色

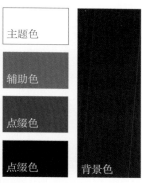

主题色

辅助色

点缀色

点缀色

背景色

1. 无彩色系在现代风格书房中的运用

明快的白色+黑色

作为明度最低的色彩，黑色具有一定的神秘感，同时也兼具坚实与厚重感。与白色相搭配，可使空间显得更加明快；与米色搭配，则能使空间更具有格调。

主题色　辅助色

背景色　点缀色　点缀色

• 配色解析

黑色与白色的对比，简约明快，表现出整齐、干净的色彩印象。

主题色

辅助色

点缀色

背景色

2. 冷色系在现代风格书房中的运用

冷色与白色、木色的搭配

现代风格书房配色中,可采用蓝色、绿色、深紫色、冷灰色等冷色系作为辅助色或点缀色,再运用白色与木色作为背景色与主题色,使整个书房的氛围简洁又不失素净感。

主题色

辅助色

点缀色

点缀色　　背景色

主题色

点缀色

点缀色

点缀色

背景色

主题色　辅助色

背景色　点缀色　点缀色

• 配色解析

背景色的白色与木色，在绿色的点缀下更
显清新、淡雅的美感。

3. 高纯度色彩在现代风格书房中的运用

高纯度暖色的使用宜小不宜大

　　若采用明黄色、亮红色、橙色等高明度、高纯度的暖色作为书房配色，无论书房面积大小，都应避免大面积使用。因为高纯度的色彩所带来的刺激感容易使人兴奋，不利于工作和学习。可将这类色彩用于短沙发、单人座椅、抱枕等小型软装元素中，这样做既能提升色彩层次，又能体现空间配色的和谐感。

主题色

辅助色

点缀色

背景色　　点缀色

4. 木色在现代风格书房中的运用

木色与米色搭配出和谐的氛围

通常来讲，书房是要求安静的空间，在色彩搭配上可以采用同一色相或色彩差异适中的相近色，在统一调性的同时添加细微的变化。如背景色与主题色同为自然色调，可以一个是木色，一个是米色，它们的色温感相同，但差异略微明显，有助于营造无束缚感的和谐氛围。

主题色

辅助色

点缀色

背景色

● 配色解析

大量的木质元素，营造出安稳、舒适的色彩印象。

5 棕色系在现代风格书房中的运用

棕色系与白色搭配出简洁、坚定的书房空间

棕色系可以使空间更加稳重、亲切。在运用时,可以根据书房的使用人群来选择棕色系的深浅度。另外,在现代风格的书房中,棕色系的运用离不开白色的调节,利用白色的明快感来调和棕色的沉闷感,让书房的氛围更加简洁、坚定。

主题色

主题色

点缀色

背景色 点缀色

· 配色解析

白色为主题色,搭配棕色家具,深浅搭配层次分明。

主题色　　主题色

背景色　　辅助色　　点缀色

• 配色解析

顶面、墙面的白色与棕色家具及地板的搭配，表现出朴素、沉稳的色彩印象。

关 于 色 彩 的 知 识

材料的光泽度对色彩有什么影响

　　居室内的装饰材料表面都存在着不同的光泽度，这些差异会使色彩产生微妙的变化。以白色为例，光滑的表面会提高其明度，而粗糙的表面会降低其明度。同理，经过抛光处理的石材色彩表现要比烧毛处理的色彩更加明确，而烧毛处理的色彩则要比抛光处理过的石材色彩更加温暖。

中式风格书房配色

主题色

辅助色

辅助色

点缀色　　背景色

1 无彩色系在中式风格书房中的运用

白色在中式风格书房中的运用

　　白色是最能营造现代中式风格简约、明快的色彩之一。在实际搭配时，大面积地使用白色，很容易使空间显得单调、乏味，可以运用木色、黄棕色、红棕色或深棕色等温和的色彩与之搭配，让空间配色更加和谐。

主题色

主题色

点缀色

点缀色　　背景色

• 配色解析

白色的运用凸显了现代中式的简洁与整齐之感。

主题色

辅助色

点缀色　　　　　背景色

·配色解析

棕色家具和地板为白色为主的空间基
调增添了一份沉稳与厚重。

背景色　　　主题色　　点缀色

点缀色　　　点缀色

·配色解析

米色与白色的过渡平缓、柔和，深色木质家
具的运用则使配色层次更加分明。

②. 华丽色彩在中式风格书房中的运用

华丽的软装元素

中国红、明黄色、中国蓝、孔雀蓝、碧绿色等华丽的色彩是中式风格配色中的传统用色，很能体现古典中式风格的韵味。以此类色彩作为书房配色，可以营造出中式风格空间宁静致远的意味。

主题色

主题色

点缀色

背景色　点缀色

主题色

辅助色

点缀色

点缀色

背景色

背景色 主题色 点缀色

点缀色 点缀色

• 配色解析

华丽的红色点缀出中式风格喜庆、吉祥的

色彩印象。

3 米色系在中式风格书房中的运用

米色展现中式风格书房的文雅气度

中式风格书房若想营造出文雅、宁静的氛围，可采用米色作为背景色，再运用同色系的木色或棕色进行搭配。通过同一色相的相近色或不同深浅明度的变化，让书房空间在视觉上有一种统一、和谐的美感，并具有微妙的层次变化。

	主题色	辅助色
背景色	点缀色	点缀色

· 配色解析

米色的背景色烘托出中式风格传统的韵味与文雅气度。

	主题色	辅助色
背景色	点缀色	点缀色

• 配色解析

米色地砖与木色家具的搭配，使书房的氛围安逸、舒适。

关于色彩的知识

色温对空间的烘托

低色温可以给人一种温暖、含蓄、柔和的感觉，高色温带来的是一种清凉奔放的气息。不同色温的灯光，能营造出不同的室内表情，调节室内的氛围。例如餐厅的照明将人们的注意力集中到餐桌，以使用显色性好的暖色吊灯为宜。

4 棕色系在中式风格书房中的运用

同色调搭配法在棕色系中的运用

　　古典中式风格书房的配色可采用同色调配色法，就是将棕色作为主题色重复运用。将单一的主题色应用于墙壁、书柜、书桌、饰品等处，控制不同比例的面积；也可以采用主题色的深浅变化作为搭配，丰富视觉层次。

主题色

辅助色

辅助色

背景色　点缀色

主题色

辅助色

点缀色

点缀色

背景色

• 配色解析

红棕色与黄棕色的搭配，层次分明，
氛围沉稳，体现出传统中式的厚重
与奢华。

欧式风格书房配色

主题色

辅助色

点缀色

点缀色　背景色

1. 白色系在欧式风格书房中的运用

白色让深色调更有凝聚力

在进行书房配色时,可以进行适当的留白处理,一来白色可以与任何颜色产生对比,从而增添空间活力;二来可以让视线更容易凝聚在深色调上,使主题更加突出、更有凝聚力。

主题色

辅助色

点缀色

点缀色　背景色

• 配色解析

白色为主色,令书房空间的色彩氛围更显素雅、简洁。

	主题色	辅助色
背景色	点缀色	点缀色

• 配色解析

白色、金属、灰色与米色搭配在一起，表现出欧式风格轻度的奢华美感。

主题色	
辅助色	
点缀色	
点缀色	背景色

• 配色解析

白色与黑色的对比搭配，表现出现代欧式风格的简洁与大气。

2 棕色系在欧式风格书房中的运用

利用棕色打造书房的稳定感

　　若想使空间更有稳定感，可以在选色上形成上轻下重的配比，以强调空间的重心。例如墙面与吊顶都为白色或其他浅色调的颜色，家具与地面的颜色则可以选择相对较深的颜色，两者之间可以通过明度变化或材质的变化来体现层次感，这样一来既增强了空间的稳重感，又不失层次感。

	主题色	主题色
背景色	辅助色	点缀色

• 配色解析

深棕色书桌为浅色调的书房配色增添了一份沉稳之感。

		主题色	辅助色
背景色		点缀色	点缀色

· 配色解析

棕色家具与地板组合运用，表达出温和、厚重的色彩印象。

主题色

辅助色

点缀色

背景色

3. 米色系在欧式风格书房中的运用

米色与白色搭配使书房空间更简洁、舒适

　　现代欧式风格书房中，通常会运用大量的白色，以求在视觉上得到宽敞、明亮的感觉。但是如果全部都用白色，难免会给空间带来轻飘感与单调感，可以通过搭配米色和少量的深色来强调空间的层次。例如吊顶甚至墙面都是白色，那么壁纸、窗帘、地毯饰品等软装元素可以选择米色和少量的深色，这样可使空间的重心更趋稳固，配色效果更加简洁、舒适。

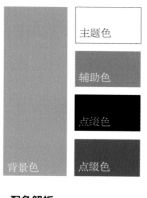

主题色

辅助色

点缀色

背景色　　点缀色

• **配色解析**

米黄色、白色组成书房空间配色，具有典型的安定、祥和的美感。

主题色

辅助色

点缀色

点缀色　　背景色

主题色

辅助色

点缀色

点缀色

背景色

主题色

辅助色

点缀色

点缀色

背景色

关于色彩的知识

如何通过组合色温营造居室氛围

通常来讲，如果空间单独运用一种色温会使人感觉单调，可将不同色温的光源组合运用，既能满足基本照明，又可以重点烘托空间情调。例如卧室的色彩和灯光宜采用中性的令人放松的色调，加上暖色调辅助灯，会变得柔和、温暖。厨卫应以功能性为主，灯具光源显色性好，低色温的白光给人一种亲切、温馨的感觉，局部采用低色温的射灯、壁灯可以凸显朦胧浪漫的感觉。

4 金属色在欧式风格书房中的运用

金属色家具

　　古典欧式书房中对金色、银色等金属色的运用十分广泛，可以根据书房的采光条件及使用面积来决定金属色的使用范围。其中最保险的做法是将金属色运用在金属器皿及家具的雕花中。但若是在采光良好、面积够大的情况下，可以在书房中放置一张纯金色或纯银色的书桌，来营造出奢靡、华贵的氛围。

主题色

主题色

辅助色

背景色

主题色

辅助色

点缀色

点缀色

背景色

· 配色解析

暗暖色与金色的搭配，表现出低调奢华的色彩印象。

	主题色	辅助色
背景色	点缀色	点缀色

• 配色解析

家具金属雕花的边框为淡雅的书房增添了一份奢华感。

地中海风格书房配色

1. 蓝色系在地中海风格书房中的运用

蓝色与白色打造沉静、舒适的阅读空间

　　蓝色与白色的搭配是地中海风格中最经典的配色，蓝色能带给人一种安静、祥和的感觉，因此更适合运用于书房中。在运用时，可以采用蓝色作为墙面的局部配色，白色作为主题色，这样的配色能使书房的氛围更加清新、沉静。

主题色

辅助色

点缀色

背景色　　点缀色

主题色

辅助色

点缀色

点缀色

背景色

· 配色解析

蓝色的背景色表现出清新、沉静的色彩印象。

背景色

主题色

辅助色

点缀色

点缀色

· 配色解析

白色家具搭配蓝色沙发座椅,让书房的视感显得干净、整洁。

2 白色系在地中海风格书房中的运用

白色+米色+棕色

　　白色与米色的组合形成了微弱的层次感,让书房的配色增添了柔和的美感。在运用时常以米色作为背景色,白色作为主题色,再运用棕色作为辅助或点缀,为柔和、清雅的空间增添一份稳重感。

主题色	背景色
主题色	
点缀色	
点缀色	

• 配色解析

白色、米色、棕色表现出地中海风格沉稳、细腻的色彩印象。

主题色

辅助色

点缀色

点缀色

背景色

主题色

主题色

背景色

点缀色

点缀色

· 配色解析

深棕色的运用，为白色为基调的书房增添了稳重之感。

③ 棕色系在地中海风格书房中的运用

棕色调木质元素

棕色可以很好地塑造出地中海风格的质朴感, 色彩主要体现在木质家具及墙面的木饰面板中。书房中选用棕色调的木质家具, 再搭配白色的墙面、顶面, 让整个书房的氛围朴质而不乏明快之感。

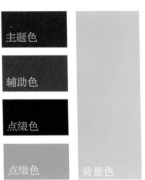

主题色

辅助色

点缀色

点缀色　背景色

• 配色解析

护墙板、家具、地板的棕色, 表现出淳朴、厚重的色彩印象。

主题色

主题色

主题色

点缀色

背景色

主题色　　辅助色

背景色　　点缀色　　点缀色

· 配色解析

棕色木质书桌的纹理清晰，具有典型的自然美感。

关于色彩的知识

光源的亮度与居室色彩的搭配

在相同的照明条件下，不同的居室配色方案对空间的亮度影响也是有一定差异的。如果居室内的墙面与吊顶都采用深色，那么应选择亮度较高的灯光，才能达到理想的照明效果。

④ 多种色彩在地中海风格书房中的运用

明快色彩的点缀

　　为了彰显地中海风格自由、浪漫的特点，在进行书房配色时，可以在背景色、主题色之外选用一些明快的色彩进行点缀，它们的使用面积很小，可以出现在装饰画、花草、墙饰或灯饰等装饰元素上。

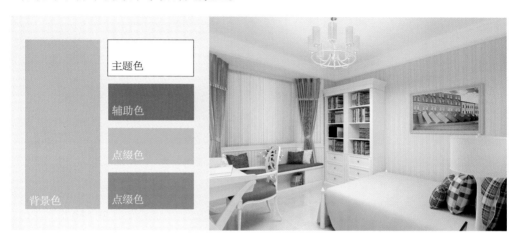

主题色

辅助色

点缀色

背景色　　　点缀色

背景色	主题色	辅助色
	点缀色	点缀色

• 配色解析

绿色墙面及布艺元素的点缀，表现出地中海风格清新、细腻的美感。

美式风格书房配色

主题色
主题色
点缀色
点缀色
背景色

1 米色系在美式风格书房中的运用

深色系的运用弱化米色的慵懒之感

　　美式风格书房采用米色作为背景色，主题色可以选择深棕色、深咖啡色、黑色、深灰色等深色系，利用深色与米色的对比来增添空间的明快感与自然感，同时也能弱化大面积的米色给空间搭配所带来的慵懒质感。

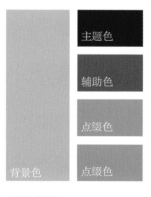

主题色
辅助色
点缀色
背景色
点缀色

· 配色解析

深色木质家具与米色的对比搭配，传达出朴素、柔和的空间色彩印象。

主题色

辅助色

点缀色

点缀色

背景色

主题色

辅助色

背景色

点缀色

点缀色

· 配色解析

棕色系的组合搭配，表现出放松、朴素的自然气息。

2. 白色系在美式风格书房中的运用

白色系为主色让书房更显简洁、大方

　　现代美式风格常会选用白色作为空间的主要配色。在运用时,可以将白色用于墙面、顶面等硬装部分,也可以用于书房的家具中,充分利用白色的明快感来体现现代美式书房的简洁、大方。

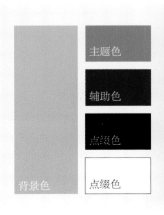

主题色

辅助色

点缀色

背景色　　点缀色

主题色	辅助色
	点缀色
背景色	点缀色

• 配色解析

利用白色与米色微弱的色差，体现出美式风格细腻与质朴的色彩印象。

主题色
辅助色
点缀色
点缀色　背景色

• 配色解析

白色系作为书房的主色调，纯白色与米白色搭配，层次分明柔和，氛围更温馨。

3. 大地色系在美式风格书房中的运用

大地色系与暗暖色的搭配

　　大地色系与暖色系搭配，可以塑造出一个颇具浪漫氛围的美式风格空间。例如选用米黄色、黄棕色、褐色、红棕色、砖红色作为空间立面的主色，再搭配带有自然木色的地板或家具，为整个空间注入一丝温馨、沉稳的气息，既弱化了暗暖色的沉闷之感，又能让人感受到美式风格的踏实与自然。

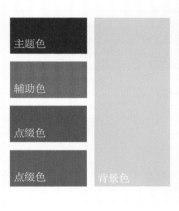

主题色

辅助色

点缀色

背景色　点缀色

• 配色解析

暗暖色的配色表现出厚重、淳朴的色彩印象。

背景色　主题色　辅助色

点缀色　点缀色

• 配色解析

木质元素与布艺元素的搭配，表现乡村美式自然、祥和的色彩印象。

	主题色	辅助色
背景色	点缀色	点缀色

• 配色解析

以暗暖色为重心，表达出正统、古旧的气质，使美式风格书房更有格调。

关 于 色 彩 的 知 识

如何通过色彩补光

　　不同朝向的房间，会有不同的自然光照，在不同强度的光照下，相同的色彩会呈现出不同的感觉。因此，在进行色彩选择时，可以利用色彩的反射率，来改善空间的光照缺陷。例如：朝东的房间，一天中光线的变化大，与光照相对应的部位宜采用吸光率高的颜色。深色的吸光率都比较高，不同色温折射在不同颜色的材料上，会产生不同的色彩变化。材料的明度越高，越容易反射光线；明度越低，越容易吸收光线。而北面的房间显得阴暗，可以采用明度高的暖色。南面的房间，光照充足，显得明亮，可以采用中性和冷色相。

主题色

辅助色

点缀色

背景色

主题色

辅助色

背景色

点缀色

点缀色

· 配色解析

壁纸和窗帘的驼色，有温暖和怀旧的感觉，加上家具的深色，表现出古典美式的精致品位。

田园风格书房配色

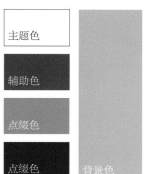

· 配色解析

壁纸的多种色彩搭配白色，表现出自然、柔和的色彩印象。

主题色

辅助色

点缀色

点缀色

背景色

1. 白色系在田园风格书房中的运用

白色烘托出田园风格简洁的书房空间

田园风格的书房中可选用白色作为配色中心。在运用时可与粉色系、绿色系、黄色系、米色系、棕色系等田园风格常用的色彩进行搭配，再充分利用白色的包容性来营造出舒适、放松的书房空间。

主题色

辅助色

点缀色

背景色

点缀色

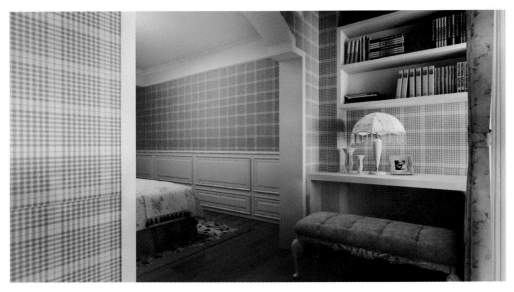

主题色	辅助色	
背景色	点缀色	点缀色

• 配色解析

粉色与白色的搭配,表现出柔和、细腻的色彩印象。

2 大地色系在田园风格书房中的运用

大地色系与彩色的搭配

大地色系与多色彩搭配,可以将蓝色、绿色、粉色、黄色等多种色彩体现在壁纸、窗帘、抱枕、地毯等元素中,而大地色系则可以运用在木质家具、布艺沙发、木地板、地砖上,让整个书房空间的色彩氛围更加淡雅、细腻。

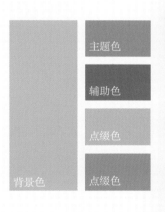

主题色

辅助色

点缀色

背景色   点缀色

主题色

辅助色

点缀色

点缀色   背景色

主题色

辅助色

点缀色

背景色　　点缀色

• 配色解析

软装饰品的色彩丰富，表现出田园
风格的自然韵味。

主题色

辅助色

点缀色

点缀色　　背景色

主题色

主题色

点缀色

背景色　　点缀色

• 配色解析

大地色系组合的布艺沙发，为书
房空间增添了一份沉稳、舒适的
感觉。

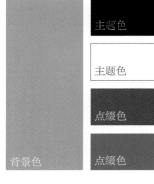

3. 绿色系在田园风格书房中的运用

绿色的大面积运用

　　绿色是一种非常平和的色相，也是田园风格中最经典的配色。书房中运用绿色可以营造出宁静、安全的感觉，在实际运用时，若想大面积地使用绿色，可以采用一些具有对比色或补色的装饰品进行点缀。

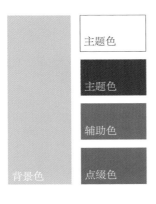

主题色

主题色

辅助色

背景色　点缀色

· 配色解析
绿色布艺窗帘的运用，与白色搭配表现出清新、宁静的色彩印象。

主题色

辅助色

点缀色

点缀色　背景色

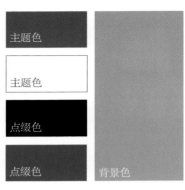

主题色

主题色

点缀色

点缀色　　　　　背景色

配色解析

绿植的点缀为空间增添一份清新、自然的美感。

主题色

主题色

辅助色

背景色　　　点缀色

• 配色解析

绿色与棕色的组合，表现出乡村田园风格的淳朴与厚重之感。

关于色彩的知识

如何运用色彩营造安静的氛围

　　通常来讲，书房与卧室是要求安静的空间，在色彩搭配上可以采用同一色相、色彩差异适中的相近色，在统一调性的同时添加细微的变化。如背景色与主题色同为自然清新的绿色系，可以一个是深绿，一个是橄榄绿，以此来强化空间的张力。再如橘色与黄色、蓝绿色与紫色等近似色，它们的色温感相同，但差异略微明显，则有助于营造无束缚感的和谐氛围。

4 米色系在田园风格书房中的运用

米色系为主色的书房

　　米色能使人心情平和,让书房的氛围更加宁静、舒适。在进行书房配色时,可选用米色作为主题色或背景色,与白色、木色进行搭配,配色效果简洁、舒适,若再融入少量鲜艳的颜色进行点缀,则可以为空间注入一份活力,层次更加丰富。

主题色

辅助色

点缀色

背景色　点缀色

配色解析

米色与白色为主色的书房空间内，绿植、书籍、饰品的运用，打破了配色沉稳的尴尬局面。

主题色

主题色

点缀色

点缀色　　　　背景色

• 配色解析

米黄色与白色的搭配表现出休闲、舒适的色彩印象。

主题色　　　辅助色

背景色

点缀色　　　点缀色

附录－不同风格的色彩搭配特点

1.北欧风格配色特点

北欧风格善用原木色与黑色、白色、灰色、绿色、蓝色等多种色彩进行搭配，整体配色活泼、明亮，给人以干净明朗的感觉。

北欧风格用色

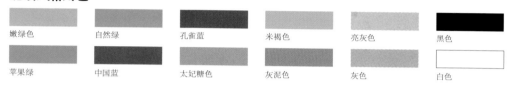

嫩绿色　　自然绿　　孔雀蓝　　米褐色　　亮灰色　　黑色

苹果绿　　中国蓝　　太妃糖色　　灰泥色　　灰色　　白色

2.现代简约风格配色特点

现代简约风格具有现代的特色，其装饰体现功能性和实用性，在简单的设计中，也可以感受到个性的构思。色彩经常以白色、灰色、黑色为主，可以以饱和度较高的色彩作为跳色，也可以选用一组对比强烈的色彩来进行点缀，以彰显空间的个性。

现代简约风格用色

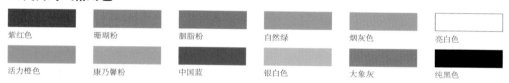

紫红色　　珊瑚粉　　胭脂粉　　自然绿　　烟灰色　　亮白色

活力橙色　　康乃馨粉　　中国蓝　　银白色　　大象灰　　纯黑色

3.中式风格配色特点

古典中式风格主要以代表喜庆与吉祥的红色、黄色、蓝色作为主要色调；而新中式风格则以黑、白、灰三色组合或与大地色进行搭配组合，以营造出一个典雅、素净的风格空间。

中式风格用色

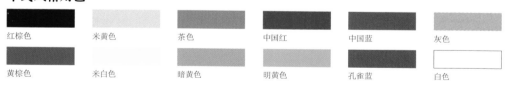

红棕色　　米黄色　　茶色　　中国红　　中国蓝　　灰色

黄棕色　　米白色　　暗黄色　　明黄色　　孔雀蓝　　白色

4.欧式风格配色特点

传统欧式风格给人古朴、厚重、宽大的感觉，充分利用金色、银色、咖啡色、红色、紫色等华丽色彩，来营造高雅、奢华的空间氛围；新欧式风格是将传统欧式风格进行简化，以白色、金属色、暗暖色最为常见，力求一种素雅、轻奢的空间氛围。

欧式风格用色

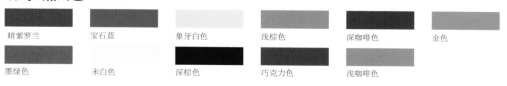

暗紫罗兰　　宝石蓝　　象牙白色　　浅棕色　　深咖啡色　　金色

墨绿色　　米白色　　深棕色　　巧克力色　　浅咖啡

5.地中海风格配色特点

地中海风格源于希腊海域,以粗犷的肌理、夸张的线条与花草藤蔓的围绕作为体现古朴原始风貌的重要手段。其色彩一方面以蓝白色调相搭配,能给人带来一种干净而又清爽的感觉;另一方面则充分运用大地色系,来演绎沉稳低调的风格韵味。

地中海风格用色

宝石蓝	婴儿蓝	孔雀蓝	天空灰	奶油色	米褐色
中国蓝	淡蓝色	深灰蓝	奶油粉	太妃糖色	灰泥色

6.美式风格配色特点

美式风格有传统美式与新美式之分,传统美式风格多以茶色、咖啡色、浅褐色等大地色系作为主色,通过相近色进行呼应,使空间展现出和谐、舒适、稳重的氛围;而新美式风格则通常以暖白色或粉色系等干净的色调为主,再搭配灰色、黑色或咖啡色等素雅内敛的颜色作为第二主色,营造出鲜明、利落、时尚的空间氛围。

美式风格用色

太妃糖色	蜂蜜色	米黄色	玉米黄	苹果绿	栗色
金棕色	奶油色	米褐色	灰泥色	自然绿	深棕色

7.田园风格配色特点

清新、舒适,没有压力是田园风格给人最大的感受,因此,以和谐不突兀为首要配色原则,取材自然,利用同一色相中的2~3种色彩进行搭配,然后再选择一种深色或浅色进行点缀,以彰显活力与自然的气息。

田园风格用色

嫩绿色	自然绿	墨绿色	鹅黄色	浅咖啡色	深棕色
苹果绿	碧绿色	米黄色	浅粉色	深咖啡色	浅棕色